抽水蓄能电站群
海量时序数据实时分析技术

张豪　赵增涛　余益龙　著

中国电力出版社
CHINA ELECTRIC POWER PRESS

内 容 提 要

抽水蓄能电站安全、经济运行需要即时对各系统的运行状态感知，支持生产运行支持系统对电站设备进行科学调度、对可能出现的设备缺陷等问题早发现、早干预处理。精准、全面的状态感知，关键的支撑信息是多源系统采集的实时数据。通过构建抽水蓄能实时数据监督体系，建立实时数据全景设备及观测模型，融合多源实时数据、提升实时数据质量，并构建实时数据及其生成的时序数据的分析环境，实现实时数据完全监督、强化自动巡维策略定义和执行，充分发挥多系统实时数据在运维检修领域的价值。

本书首先分析抽水蓄能电站数据监督涉及的模型及时序数据，研究抽水蓄能电站设备及观测模型。之后提出多源实时数据一体化汇集的技术方法和数据质量管控策略。构建云化实时、时序数据分析基础设施，在其上定义、运行自动巡维策略，运用多维感知和巡检推理，实现抽水蓄能电站智能巡视和智能技术监督。

本书对抽水蓄能基于时序数据实时分析的数据监督体系构建和实施进行了全面的介绍，通过实例对实施效果给出了说明。本书既可供抽水蓄能电站管理、运维领域工程技术人员参考，也为抽水蓄能电站数据应用开发人员提供了宝贵的参考资料。

图书在版编目（CIP）数据

抽水蓄能电站群海量时序数据实时分析技术 / 张豪，
赵增涛，余益龙著 . -- 北京：中国电力出版社，2024.
11. -- ISBN 978-7-5198-9385-9

Ⅰ. TV743

中国国家版本馆 CIP 数据核字第 2024T60A14 号

出版发行：中国电力出版社
地　　址：北京市东城区北京站西街 19 号（邮政编码 100005）
网　　址：http://www.cepp.sgcc.com.cn
责任编辑：畅　舒（010-63412312）
责任校对：黄　蓓　马　宁
装帧设计：赵丽媛
责任印制：吴　迪

印　　刷：三河市万龙印装有限公司
版　　次：2024 年 11 月第一版
印　　次：2024 年 11 月北京第一次印刷
开　　本：787 毫米 ×1092 毫米　16 开本
印　　张：15
字　　数：228 千字
印　　数：0001—1000 册
定　　价：75.00 元

前　言

p r e f a c e

在当今这个数据驱动的时代，充分利用各类数据为业务提供支持也成必然，标准化的模型数据、海量的时序数据都是重要的数据资产。时序数据中深埋了大量趋势性、统计性的有价值信息有待进一步挖掘。分析抽水蓄能电站大量的开关量、模拟量、听觉、视觉时序数据中所隐含的设备状态信息，及时甚至提前发现、感知设备缺陷、故障及其征兆，能够在降低监视运维强度的同时帮助运维人员提高巡检效率，在设备出现问题之前提前做出反应，从而使电站的运行更加安全、可靠。

本书旨在为读者深入解析抽水蓄能电站各类时序数据的内在逻辑，提供一系列实用的分析技术和方法，以期帮助专业人士和研究人员在实际工作中做出更加精准的决策。

本书的编写初衷源于对时序数据分析技术的持续探索和实践。作者团队在多年的研究和项目实施过程中，积累了丰富的经验，建立了实用的数据监督体系。将这些经验凝聚成文字，以期与业界同仁共享。

全书涵盖了从时序数据构成、数据监督业务场景、分析软件环境组成到时序分析业务应用的各个方面。首先提供了时序数据及其分析技术的概述，包括抽水蓄能电站时序数据的特点和数据分析处理技术的历史与现状。紧接着探讨了时序数据分析在不同业务场景下的应用，如开关量和模拟量的分析，以及如何进行综合分析以支持决策制定。之后详细介绍了时序数据分析的技术路线和所需环境，包括构成分布式时序分析的各个关键技术组件，以及数据集成、开发运维、数据服务等的构建，其中包括个性化应用（如实时数据技术监督）任务化流式分析、动态规则支持等功能的实现方法。

在时序数据分析的具体应用方面，具体阐述了数据巡检、缺陷和故障分析以及设备健康度评价。通过设备状态一致性、设备动作不同步、测点越限告警监测等场景的分析，展示了如何通过数据巡检及时发现并解决问题。同时，机器听觉和视觉巡检的引入，为传统数据巡检提供了新的视角和方法。通过设备启停频次、运行时长以及模拟量趋势等分析实现对系统和设备的缺陷和故障分析。基于时序数据计算获得设备健康度，为评估和监控设备的健康状态提供科学的依据。

本书的编写过程中，我们力求内容的准确性和实用性。随着技术的不断演进，时序数据分析将在未来发挥更加重要的作用。我们期待与读者一起，探索数据分析的无限可能，共同推动这一领域的发展。

感谢所有为本书的编写提供帮助和支持的同仁。让我们一起迎接时序数据分析的新时代。

著　者

2024 年 8 月

目 录

c o n t e n t s

第 **3** 章
运行巡检实时分析技术 ──────────── **023**
chapter 3

第 **4** 章
缺陷与故障实时分析技术 ──────────── **103**
chapter 4

第 **5** 章
实时分析技术集成–设备健康度评价 ────── **147**
chapter 5

第 **6** 章
时序数据分析技术路线 ——————————— 161

第 **7** 章
总结 ——————————————————— 229

第 **1** 章

概述

"碳达峰、碳中和"目标促进抽水蓄能大规模发展。截至 2023 年，我国在运抽水蓄能电站的装机规模约 5000 万 kW。而根据《抽水蓄能中长期发展规划（2021—2035 年）》，到 2025 年，抽水蓄能投产总规模在 6200 万 kW 以上；到 2030 年，投产总规模 1.2 亿 kW 左右；到 2035 年，形成满足新能源高比例大规模发展的抽水蓄能现代化产业，全国抽水蓄能投产规模达到 3 亿 kW 左右。抽水蓄能成为构建新型电力系统的关键支撑、实现风光蓄一体化发展的核心依托、建设流域可再生能源一体化基地的重要组成以及规模化拉动经济发展和促进乡村振兴的重要手段。

新形势下，抽水蓄能电站传统生产运维模式已难以满足抽水蓄能快速发展的需求，亟须研发智能巡维技术，解决人力资源短缺的问题。这就需要充分利用现代电子信息技术，从电站运维业务需求出发，以规程规范、应急方案等文件为输入，梳理识别机器代人的场景，总结提炼共性能力需求，强化时序数据实时分析能力可充分发挥云计算和大数据分析的优势，补充集控等实时监控系统时序数据处理的不足，构建大数据、人工智能技术算法分析中台能力，开发智能巡检、智能告警、智能分析等应用，支撑抽水蓄能电站多维度智能巡维业务开展。

1.1

抽水蓄能电站时序数据

抽水蓄能电站是一种利用电力系统低谷负荷时的电能抽水至上水库，在高峰负荷时释放储存的水能发电的水电站，在电力系统中扮演着调峰、填谷、紧

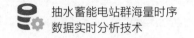
急备用和频率调节等重要角色。

抽水蓄能电站运营、维护、管理涉及多种类型的数据。按照工业自动化和电力信息化的数据分类方法，包含描述数据、实时数据、事件数据、时序数据等。

描述数据主要包括抽水蓄能电站功能位置、资产台账等缓变数据。功能位置数据是从电站、设备（电气、水工等各个系统包含的设备）、部件等实际完成的功能角度建模得到的对象数据，具体的功能位置需要配备相应的资产。描述数据还包括电站相关的组织机构，以及各类资料性数据。抽水蓄能电站的描述数据建模了抽水蓄能电站的对象模型，也称为模型数据。

实时数据是指在数据生成的瞬间或非常接近生成时刻被收集和处理的数据，表现为监控系统中即时动态显示的设备、环境的各维度量测（测点）数据。包括设备运行的电气数据、设备监测数据、水文数据、气象数据等。

事件数据包括简单事件、跟踪事件和条件事件。简单事件是指一般的通知或告警，包含事件的来源、时间戳、消息；跟踪事件用于跟踪某个操作或事件的状态变化，可能包含执行操作的参与者名称等；条件事件基于特定条件触发的事件，包含条件空间名称、条件名称、激活时间、事件标识、变更说明、源条件操作状态等详细信息。

时序数据是指按照时间的秩序，以一定的时间间隔排列的一系列数据的集合。对于具备数据采集能力的系统而言，时序数据由实时数据序列流入、事件及运行日志分析提取等方式获得。时序数据与测点密切相关，记录了测点监测量的时间维度变化全过程。而测点归属于特定功能位置（设备容器、设备、部件）及置于功能位置的资产，由此，时序数据与其他数据共同构成了抽水蓄能电站全景全维度数据。

现代化的抽水蓄能电站监控实时性要求极高，时序数据由大量传感器和监测设备以高频率生成，数据点的产生速度非常快。数以万计的数据点都需要得到及时的分析处理，对并发处理提出了高要求。点数众多叠加高频发生，采用关系数据库存储从性能到存储效率方面都不能满足要求。时序数据的特征决定了从存储到分析处理，都需要采用与关系数据不同的技术方式。

1.2
时序数据分析处理研究现状

在抽水蓄能电站的数据应用及分析领域，描述数据是基础，实时和事件数据则用于实现自动化监控。时序数据配合实时数据，支持对数据变化过程的分析及基于历史数据的统计等操作。电力领域的时序数据处理技术是随着计算机、网络系统能力不断提升，以及电力系统信息化和智能化的发展而不断进步的。

由于时序数据通常由监控系统采集的实时数据序列化形成，因此时序数据的分析处理，大多数情况都是在监控系统中完成的。

电力系统早期的时序数据处理主要依赖于传统的关系型数据库。基于关系数据库虽然能够存储时序数据，但缺乏对时间序列数据的特定优化，如时间间隔的存储和检索。应用以基于时序数据生成统计报表为主，通过使用计算机编程语言开发或者在报表软件编制脚本程序。

设计目标是完成实时监控，在监控系统中处理时序数据会存在不足之处，主要有：

（1）存储和查询效率不足。监控系统使用的传统的关系数据库或 NoSQL 数据库在处理时序数据时，由于其设计初衷并非专门针对时间序列数据，因此在存储和查询效率上存在不足。时序数据的特点是数据量大、更新频繁，而通用数据库在设计上可能没有针对这些特点进行优化，导致性能受限。数据压缩能力的不足使得监控系统自身也仅存放有限的时序数据。

（2）实时处理能力有限。监控系统往往需要实时地处理和分析数据，以便于及时发现和响应问题。对时序数据的分析处理放在从属地位，一般以统计分析类应用为主，实时性不足。

（3）缺乏特殊分析功能。时序数据的分析往往需要一些特殊的功能，如累计求和、时间加权平均、移动平均、变化率等，以及自定义的复杂分析。监

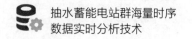

控系统通过报表等子模块提供数据的统计分析，但可扩展性及复杂处理的支持都不足，而且受限于监控系统自有数据，融合多系统数据的综合分析更是难以实现。

随着对时序数据分析需求的提升，基于时序库的时序数据分析陆续出现。第一代时序数据库，通常是基于平板文件的简单存储工具，以高压缩比和快速提取特定时段数据集为核心功能，适用于监控领域（如 PI 数据库）。但早期的时序数据库受限于设计时的硬件和软件技术约束，处理的数据模型单一，单机容量受限，初始构建后，扩展难度偏大。

时序数据量和时序数据存储、分析需求的迅速增长，致使基于通用存储构建的时间序列数据库开始涌现，如 OpenTSDB 和 KairosDB 等，能够提供按时间间隔高效存储和处理数据的能力。

云计算技术的出现和发展，为时序数据处理提供了新的可能。国内互联网平台企业推出时序数据分析相关产品，依托时序数据库，通过列式存储、压缩与分布式架构，实现大规模时序数据的高速存取与处理。在数据模式层面，支持动态 Schema 与自适应索引优化。可通过数据导入配置完成数据迁移，用于计算的时序数据和计算结果通过 API 接口发布。基于云计算技术并融合多系统数据是处理时序数据的必由之路。

1.3
对时序数据的探索历程

虽然监控系统采用的时序数据存储及处理技术不断改进，但在特定监控系统中基于关系数据库、实时数据库和数据分析模块的实现方式却存在不足。首先是监控系统通常是单一（单体）系统，数据覆盖范围有限，难以实现跨越多系统的时序数据分析；其次是单一系统存储容量有限，数据分析的时长受限；再次监控等业务系统聚焦点并非时序数据分析，为时序数据分析提供的资源有限，难以支持复杂计算。

随着抽水蓄能电站智能化水平的不断攀升，对于能够处理跨系统、高并发以及复杂时序数据的智能分析系统的需求变得日益迫切。跨系统时序数据的高效及时感知，以及基于这些数据进行的实时技术监督，其重要性不言而喻。抽水蓄能电站需要一个能够融合来自不同源系统的时序数据，并对其综合分析的智能环境。这样的分析环境能够全方位地捕捉并分析电站各监控系统所生成的时序数据，从而深入洞察设备状态的全维度变化，预测趋势，及时发现潜在问题，并迅速制定出有效的应对策略。这不仅能够显著提高电站的运行安全性和经济性，还能大幅提升运营维护的效率。

时序数据分析相对于单一系统中的时序数据分析存在存储、并发数据高速传输和流式计算等能力的不足，基于分布式云计算平台构建时序数据分析可提供足够的技术能力，利用云计算技术处理时序数据成为必然的选择。

团队以抽水蓄能群海量时序数据为基础，从 2019 年起至今，一直对时序数据的实时分析技术开展研究。

2019 年 1—12 月，针对设备运行监测特点和电站生产运维人员需求，提出了 14 种面向多类型设备状态分析指标的开关量/模拟量通用算法模型，提出了基于通用算法模型的零代码、可组态设备专用算法敏捷定制方法，在南方电网储能公司得到全面推广应用。

2019 年 10 月—2020 年 7 月，针对水工安全监测数据涉及面广、种类多、历时长的特点，开展了监测数据的实时深度挖掘与智能分析。提出了统一的抽水蓄能电站水工构筑物安全监测数据库表结构及对象标识符命名规则，构建了针对抽水蓄能电站水工构筑物、水工监测设备的对象模型，研究建立监测变量与大坝安全性态之间的内在关系，为工程运行管理提供科学依据。

2020 年 8 月—2021 年 6 月，研发了针对抽水蓄能电站群水工建筑平台监测数据的编组分析、相关性分析、回归分析算法，研究开发集中监控、决策分析、综合展示为一体，为各级管理人员提供一体化技术支撑和服务的综合性水工水情监控信息平台。

2020 年 4 月—2020 年 12 月，针对电厂工业电视监控系统的海量视频数据，提出了视频监控观测点优化布置方案，提炼形成应用机器视觉感知电厂生

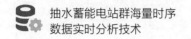

产设备典型缺陷方法。研发了生产区域视频监视与识别算法，识别手段包括可见光图像识别和红外图像识别。完成机器视觉智能感知应用系统功能开发、UI界面开发。

2021年1—6月，构建了基于机器视觉的电厂生产设备异常样本库、模型库和知识库，完成基于机器视觉的生产区域智能感知算法模块上线应用。先后在文昌电站、深蓄电站、仙居蓄能电站完成成果应用。通过机器视觉实现对生产区域的漏油、漏水、烟雾、火焰、管道破损、零部件脱落等异常的智能感知和录波推送，基于机器视觉技术的生产设备异常识别准确率大于等于90%。

2021年3—12月，以机器听觉、声纹识别为主要技术手段，提炼形成了应用机器听觉感知发电厂生产设备异常声音方法，提出声音采集传感器、声音分布分析仪布点方案。

2022年1—10月，搭建了多种运行工况下发电厂生产设备的机器听觉样本库、模型库和知识库，完成基于机器听觉的发电厂生产区域声音异常智能感知算法开发与上线应用，先后在深蓄电站、阿海电站等完成成果应用，实现设备异常声响主动机器感知和录波推送。

2020年3—12月，提出了基于设备运行工况的计算机监控、机器视觉和机器听觉协同感知模型，研发了多维度智能巡维分析应用平台，可实现多厂站运行数据全方位、立体化分析。

在基于抽水蓄能电站集控、生产等业务系统的数据进行时序数据分析的过程中，技术团队先后采用了基于"数据工厂DataWorks"以及自主开发的时序数据分析环境实现时序数据分析及时序数据实时技术监督处理。

1.3.1 基于DataWorks的（时序）数据分析

DataWorks是一个大数据开发套件，也被称为"数据工厂"，其目的是助力企业构建高效、可扩展且易于管理的大数据生态系统。

DataWorks的核心功能包括：

（1）提供一体化大数据开发环境。提供数据集成、数据开发、数据地图、数据质量、数据服务等服务，用户通过统一的 Web 界面即可完成数据的采集、处理、分析到应用的全过程。

（2）能够实现多系统数据集成。支持多种数据源接入，包括关系型数据库、NoSQL 数据库、文件系统等，实现数据的高效迁移与同步，满足不同业务场景的数据整合需求。

（3）提供可扩展的数据开发工具。内置数据处理组件和编程语言支持，可在运行数据分析 SQL 脚本的同时，调用其他编程语言（如 Python、Java）脚本做特定的数据处理。

（4）任务调度。支持多种任务类型，如数据同步、SQL 作业、MapReduce 任务、Shell 脚本等，同时提供可视化监控和告警功能。

开发团队根据时序数据分析需求，利用 DataWorks 的 Web 界面建立数据分析项目、定义数据源和抽取规则（建立数据表、字段的映射）、配置数据分析流程和执行策略、为数据分析结果配置数据发布服务。在此基础上，开发基于发布服务的数据分析结果展示页面，通过页面共享技术使页面除被数据分析系统自身使用外，还能够嵌入到企业其他业务系统的 Web 界面中。

1.3.2 自主构建时序数据分析环境的时序数据分析

DataWorks 在关系数据表的迁移、脚本化分析编排和服务发布具有良好的适应性。但抽水蓄能电站时序数据分析面对海量、高速采集的数据，基于 DataWorks 的时序数据开发存在一些难以克服的困难，包括：

（1）数据写入性能的挑战：时序数据分析时，数据量大，需处理大量的写入请求，特别是在抽水蓄能电站实时监控高频数据采集等场景下，设备数量大、测点多、数据变化快导致写入负载高。

（2）内存和 IO 瓶颈：处理海量数据写入时，内存压力和 IO 操作的频繁性可能影响性能和数据一致性。

（3）索引效率问题：面对大规模数据，构建和查询索引的效率成为关键，如果使用 DataWorks 擅长的关系库存储，其索引方式难以有效支撑时序数据检索的需要，必须采用优化的检索方案以适应不同的写入负载和查询需求。

（4）数据压缩需求：为了节省存储空间和减少网络带宽的占用，需要对时序数据进行有效的压缩。

（5）非平稳性问题：时间序列的非平稳性，如趋势或季节性因素，会影响预测方法的准确性，需要通过差分、对数转换等方法减少非平稳性的影响。此时需要开发环境能有针对性地提供相应的数据分析或开发方案。

（6）处理额外依赖关系和维度的复杂性：时序数据可能包含额外的依赖关系，如时空数据，需要建模多个变量以提高预测性能。

（7）变点检测和适应性：时间序列可能会经历变点或结构断裂，需要能够检测这些变化点并适应新的数据分布。

这些困难点涵盖了从数据写入、存储、查询到分析和预测等多个方面。随着大数据技术的飞速发展，大数据流式计算框架在实时处理海量数据方面发挥着越来越重要的作用。其中，Apache Flink 作为一种高效、可靠、低延迟的分布式流处理框架，因其出色的批流一体特性、高吞吐能力以及支持精确一次性处理等优点，受到了广泛的关注和应用。

在电力系统中，时序数据以其特有的时序性和连续性，成为分析和监控电力网络运行状态的关键依据。这些时序数据通常以"测点 – 时序数据"的形式存在，即每个测点对应着多条按时间顺序排列的数据记录。为了实现对这些时序数据的即时分析和监控，利用流式计算技术，如 Flink，结合专家规则进行配置计算，已成为当前的主流做法，能够实质性补足数据工厂模式中时序数据分析的短板。而与之配合的分布式数据文件系统、列数据库、时序数据库、网关等组件，能够为构建自主可控的时序数据分析环境提供支持。

为有效应对数据工厂方案在处理时序数据时遇到的挑战，并增强对时序数据分析流程的控制力，技术团队依托于一系列分布式的开源组件，根据时序数据分析的具体需求，精心构建了一个定制化的时序数据分析环境。

基于自主构建的时序数据分析环境，并开发完成个性化的实时数据监督应用，技术团队成功地以专家策略驱动时序数据实时分析，实现抽水蓄能电站群海量时序数据的并行、多维度分析，及时发现设备问题征候并告警，极大地提升了设备监控的效率和准确性。

1.4
全文主旨思想

本书围绕抽水蓄能电站群的安全运行，重点探讨了基于多源时序数据的实时数据分析技术的构建与应用。通过引入云计算实时分析技术，电站能够全面、精准地感知各系统的运行状态，进而支持科学调度和设备管理，确保在问题早期干预，最大限度地降低设备故障风险，提升运维效率。

本书详细描述了自主构建的时序数据分析环境的基础组件及其组成部分。通过介绍这些关键组件，读者可以深入理解一个高效的数据分析平台的构建方法，以及如何利用这些组件为时序数据分析应用提供强有力的支持。同时，书中还介绍了分析平台的搭建过程，包括分布式处理技术的应用和平台功能的扩展，为实现大规模时序数据的实时分析提供了技术支持。平台的构建过程还涵盖了从数据集成、数据存储到数据服务的全流程管理，为时序数据分析的实施提供了全面的技术保障。

此外，本书详细探讨了时序数据分析技术在不同业务场景中的应用，包括对设备的开关量、模拟量分析，以及通过综合分析支持决策制定的具体方法。书中还介绍了如何利用分布式时序分析的技术组件，构建个性化的实时数据技术监督应用环境，支持动态规则的实现，并通过任务化流式分析提高数据处理的智能化和自动化程度。

在时序数据分析的应用方面，书中具体阐述了数据巡检、缺陷和故障分析、设备健康度评价等内容。通过对设备状态一致性、设备动作不同步、测点越限告警等场景的分析，展示了如何通过时序数据巡检及时发现并解决设备问题。通过分析设备启停频次、运行时长及模拟量趋势，本书展示了如何利用时序数据对系统和设备进行缺陷与故障分析，进而科学地评估设备的健康状态。通过这些实例，书中展示了实时数据技术监督如何在实际操作中提升电站的运维效率和设备可靠性，从而确保电站在高效运转的同时，具备更高的安全性和稳定性。

总的来说，本书通过对抽水蓄能电站时序数据分析技术的全面解析，为读者提供了从理论到实践的完整知识体系，帮助专业人士在实际工作中充分利用时序数据分析的优势，确保电站的安全高效运行。

第**2**章

时序数据业务
场景分析

电力领域的设备状态监测系统或是集控系统通常通过历史库（接口）对外提供历史数据服务，通过实时库（接口）对外提供实时数据服务。实时库中只存储有当前整个系统所有测点的最新实时数据断面，即在实时库中每个测点只保留一个最新的包括取值和时间戳的时序数据，而在历史库中则会保留各个测点全部或按一定规则稀疏后的时序数据。

实时库通常是高效的内存数据库，即全量在内存中缓存（内存库背后可能也会存储到硬盘，但读写速度都可认为是内存速度），而历史库通常用关系数据库或时序数据库存储，读写相对较慢。在海量测点数据写入时，设备状态监测系统或是集控系统通常会采用缓存、批量写入的策略，后端数据库通常也有自己的缓存和批量应用策略，以提升吞吐量。实时库看中的是即时性，而历史库看中的是存储容量和吞吐量，所以各自采用的优化策略和方向是不同的，通常在海量数据场景下，实时数据库的即时性平均比历史库的即时性可以早十几秒甚至几十秒。

通过抽水蓄能电站的时序数据分析及时发现机电设备、建构筑可能存在的问题，加强机电设备数据分析能力、建构筑性态预测分析能力，是提高运维效率非常重要的一个方面。

抽水蓄能电站的时序数据分析是根据多年的运行管理经验，总结事故和缺陷发生的征兆，在时序数据分析环境（系统）中配置针对各类征兆的分析、判断，形成预警和处置方案，助力运维人员高效管控抽水蓄能电站。其核心是用于通过时序数据的流式实时分析，及时地判断出机电设备及建构筑所处的运行状态是否存在问题。

对监控系统和状态监测系统数据（模拟量和开关量）进行分析可发现生产设备的隐性缺陷。在缺陷暴露前进行消缺，可以给生产管理工作带来极大的

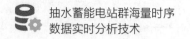
安全经济效益。

典型的业务场景包括设备动作监测场景、设备运行参数监测场景与设备整体状态监测场景，是基于开关量分析、模拟量分析，以及综合分析实现对设备状态的分析、判断，通过数据征兆提早发现缺陷和故障。

2.1
设备动作监测场景分析

抽水蓄能电站的调峰调频作用日益凸显，设备频繁的启停会导致设备的机械磨损和电气部件的热应力增加，可能缩短设备的使用寿命，高频启停还可能导致设备的密封件、轴承等部件的早期失效。设备长时间连续运行可能导致过热，影响润滑油脂的性能，加速部件磨损。长时间运行还可能使得某些部件超出设计的工作范围，增加故障风险。通过对启停频次、运行时长等信号的监测，可以预测设备的磨损情况，合理安排检修计划。

大型的抽水蓄能设备有多个组成部分，在执行操作时，多个部分动作同步性是设备工作是否正常的重要体现。如果设备的动作不同步，可能会导致负载不均，某些部件承受过大的压力或磨损。同步性差还可能导致设备运行效率下降。

设备动作的有效性也与设备动作时间间隔有一定的关系，需要有针对性地处理。设备动作时间间隔过短可能导致部件没有足够的时间冷却和恢复，增加热应力和机械疲劳。动作时间间隔过长则有可能因为设备长期未操作，相应的操动机构的响应灵敏度、动作执行到位程度需要关注。

人工方式对相关信息进行分析统计，工作量大，也容易疏漏，通过时序数据分析规则跟踪设备启停、运行时长、动作同步性、动作间隔，能及时发现需要重点关注的设备。

开关量是一种在自动化控制系统中常见的信号类型，它表示两种状态：开（ON）和关（OFF）。这种信号通常用于控制或反映电气设备或机械装置的启动和停止,例如电动机的启动和停止、阀门的开启和关闭、信号的亮起和熄灭等。

对开关量的时序数据进行分析,可以获得设备的运行状态和缺陷征兆。基于正常变位序列,可以计算出启停频次、运行时长、设备组成部件的动作同步性、设备动作时间间隔等;基于开关量异常变位,可以发现设备的缺陷。

开关量异常变位主要表现在两个方面,抖动和长期保持在 0 或 1。抖动,是指同一个信号在很短的时间(毫秒级)内重复出现;信号长期保持为 0 或 1,则表现在信号无论在机组停机状态还是开机状态,本来该变位的信号没有出现变化,信号被保持住。当出现这两种信号之一,均表明运行设备或者传感器存在隐性缺陷。过去该隐性缺陷工作多依靠人工定期检索来发现,难以做到在缺陷暴露前实现消缺的目的。通过依靠计算机对开关量进行周期分析,能够达到通过开关量异常变位发现隐性缺陷进而提前消缺的状态检修目的。

开关量异常变位的宏观表征体现在生产流程控制中。生产流程控制中,海量的监控信号蕴含着大量的设备动作顺序信息,过去由于缺少标准化的快速辨识方法,监控信号中关于设备动作顺序信息的信息价值没有被挖掘。

过去对于机组启停过程中,某一设备该动不动的缺陷,往往需待机组启停程序超时导致机组启停失败后才能暴露。通过对开关量数据进行实时监测,当某一设备的开关量在机组启停过程中出现抖动现象时,提前向值班员预报,为值班员争取宝贵的故障处理时间。

以某抽水蓄能电站 SFC 出口开关合闸开关量为例,当抽水蓄能机组泵工况启动流程走至 SFC 出口开关合闸一步时,若出现上位机反复下 SFC 出口开关合闸令的监控信号抖动现象时,时序数据实时分析能无须程序流程超时即可提前提醒运维人员做好故障预判和故障处置准备。再以某抽水蓄能电站水环排水阀为例,抽水蓄能机组泵工况启动过程中,由于该阀门由两组阀门组成,水环排水阀开启和关闭的监控信号应成对出现,通过时序数据实时分析,可及时发现并判断出不成对出现,或出现抖动现象的情况,以提醒运维人员及时消除隐性缺陷。

典型的基于开关量的抽水蓄能电站设备时序数据实时分析应用包括电动截

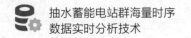

止阀开启/关闭时长分析、机组工况和隔离开关状态不匹配判断、刹车机械爪不同步判断等。

2.2
设备运行参数监测场景分析

抽水蓄能电站作为调峰调频的核心电站，支撑大电网安全稳定运行，内部系统众多，运行数据量非常庞大，需要通过各类新型的数字传感技术实现高精度的数据采集。

抽水蓄能电站的模拟量数据包括连续值变化特征的数据，如电能生产数据、系统运行状态监控数据等。电能生产方面的数据各监控系统强化处理，在时序数据分析环境中进行的实时分析中，特别关注系统和设备状态监测数据。监测数据源自水泵-涡轮机、发电机、变压器、开关站、调速器、励磁等关键设备和系统，通过各相关监控系统获得与设备有关的功率、电流、电压、流量、压力、温度、振动、负载率、响应时间、调节精度等模拟量，有效评估各系统和设备的运行效率和健康状况，在参数超出正常范围时发出预警。抽象出的典型模拟量分析场景包括：

（1）模拟量变化斜率判断报警。监控模拟量的变化斜率，当斜率超过设定值时发出报警，用于实时监控模拟量是否出现异常波动。

（2）模拟量统计值趋势判断报警。在不同的运行区间内，比较模拟量的统计值（如积分值、最大值、最小值、平均值）之间的差值累加值，当这些差值超过设定值时发出报警。

（3）单个模拟量与同类模拟量平均值比较判断报警。将单个模拟量与同类模拟量的平均值进行比较，当偏差超过设定的参考值时发出报警，常用于监测如定子铁芯、定子线圈、各导轴承瓦温等。

（4）模拟量变化时长统计与工况或设备状态不匹配判断。当模拟量值与当前工况或设备状态要求不匹配时，进行报警，包括模拟量达到设定值所需的时间统计和不匹配类型判断。

（5）模拟量信号质量判断及统计。监测模拟量信号的质量，包括数据无变化、数据梯度变化过大或数据值异常等情况，并在发现异常时发出报警。

（6）机组工况启动下模拟量智能预测。根据事件记录和模拟量的历史数据，计算模拟量测点的斜率和异常状态估计值，当估计值超过阈值时发出预警，提醒值班员进行预防性操作。

上述场景中有部分需要计算模拟量统计值。时序数据分析环境中可直接配置模拟量统计计算，用于计算模拟量在特定运行区间内的最大值、最小值、平均值、标准差和定积分值，为进一步的数据分析提供基础数据。

在时序数据分析环境中，通过配置策略实现发电机瓦温越限告警、机组调速器油温升温过快告警、机组顶盖振动分析、不同机组相同工况下瓦温对比分析、油色谱气体含量上升过快或含量越限告警等多项针对特定设备的分析。通过时序数据实时分析监控抽水蓄能电站群内所有系统和设备的状况，为运维人员提供准确高效的设备监测支持。

2.3
设备整体状态监测场景分析

在抽水蓄能电站中，机器设备的运行状态监测是非常重要的环节，用以保证设备的正常运行，防止故障的发生。传统的运行状态监测主要依赖于如振动、摆度等物理参数的测量。这些参数主要是从设备运行的"点"上进行捕捉，能够准确地反映出设备在特定时刻的状态。然而，这种方法往往只能反映出设备在某个或某几个特定点的状态，对于设备整体的运行状态和特性难以全面捕捉。综合分析包括利用计算表达式综合多个模拟量和开关量进行分析，还包括将分析音频、视频数据与模拟量和开关量的分析结果互相印证。

在抽水蓄能电站关键的机组运行维护中，对于机组停机后相关阀门未动作

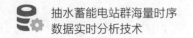

到位的缺陷，由于上位机未设有相关提示告警信号，该缺陷较难被发现。在机组停至稳态后，通过计算机自动将各关键阀门最后一组开关量记录与标准机组停机稳态开关量记录进行比较，若出现开关量异常变位现象则提示值班员报告缺陷。

在机组启停失败的故障处理中，往往需要了解机组启停流程在哪一环节出现问题。在机组启停失败后，即监测到故障停机的信号后，将机组启停失败过程中的开关量与机组正常启停过程的开关量进行比较，能够快速定位并返回异常的记录，提高现场人员的处置效率和准确性。

测点与声音、视觉信号综合分析能发现设备"面"上存在的问题。设备运行过程中会产生特有的噪声，噪声中往往会包含丰富的设备运行信息。噪声与设备的运行状态有着强相关性，可以从更宏观的"面"上反映出设备的运行特性。通过立体全面辨识设备声音异常，优化设备故障定位方法，提高故障声音定位的精确度。例如抽水蓄能机组的噪声与运行数据（如振动、摆度等）的强相关性，通过关联分析揭示运行过程中产生的噪声与其物理状态之间的内在联系，为设备状态的判断提供更多的信息。测点数据、声音信号辨识的基础上，再与视频（视觉）联动分析，能进一步解决单一感知方式容错性低的问题，提高模型的准确性和鲁棒性。

综合分析实现"点"和"面"相结合的设备状态识别方法。在"点"上捕捉设备状态的方法（例如，通过监测振动、摆度等物理参数）和从"面"上反映设备特性的方法（例如，通过分析设备产生的噪声以及设备视频及图片分析）进行结合，实现立体全面辨识设备异常。这种结合方法可以在提供设备状态全面信息的同时，还能从不同角度进行设备状态的验证和确认，提高设备状态判断的准确性。

综合分析能够有效地利用抽水蓄能电站群的海量时序数据。开关量、模拟量及综合分析基于针对特定分析规则配置的分析策略及其组合。分析策略形成的结果与特定的设备及设备状态监测测点关联，形成策略与设备台账的挂接。不同的策略代表了不同的评价维度。

2.4
本章小结

　　抽水蓄能电站设备状态监测系统的时序数据分析在及时发现机电设备和建构筑问题方面有重要的意义，通过分析设备的运行状态和缺陷征兆，能有效提高运维效率。

　　时序数据分析主要涉及描述设备动作的开关量、描述设备状态的模拟量分析，并结合听觉和视觉数据分析。开关量分析关注设备的启停频次、运行时长和动作同步性，而模拟量分析则监测如功率、电流、电压等连续变化的数据。通过这些分析，可以预测设备磨损、发现隐性缺陷，并在缺陷暴露前进行消缺。

　　模拟量和开关量数据与音频、视频数据相互印证，能提高故障诊断的全面性和准确性。

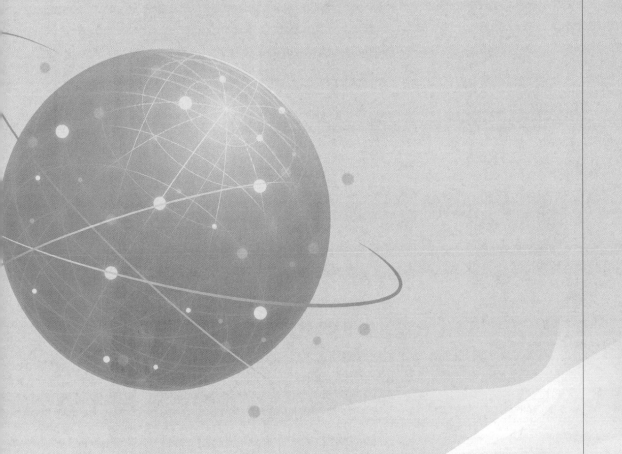

第 **3** 章

运行巡检实时
分析技术

基于运行巡检业务需求，建设机器代人的基于数据的抽水蓄能电站多维度智能巡检。核心能力包括机组工况转换流程异常定位、测点越限告警监测、异常告警监测、设备状态不一致检测、声音异常和设备外观、现场三漏等机器视觉的智能检测等，可代替人工现场巡检、值班监盘分析预警、故障查找的相关工作。

<h2 style="text-align:center">3.1
业务需求分析</h2>

利用多类型、多源时序数据，提升抽水蓄能电站设备和水工建（构）筑物的运维巡检的效率。

在设备运维方面，基于常规量测数据和多媒体监测数据的时序数据即时（实时）分析，快速、有预见性地发现设备存在的缺陷和异常。基于设备状态数据进行状态一致性分析、多测点越限综合判断，以及音、视频数据联合分析。抽水蓄能电站多媒体监控运维涉及声音和图像数据的采集和即时分析。声音的分析存在设备故障检测准确率低、故障声音定位难的问题，图像的分析存在样本采集难、复杂光影背景识别准确率低的问题，而结合声音和图像，能够为智能巡检提供全维度的支持。声音处理方面，通过声音样本生成方法及适应抽水蓄能电站复杂声场的机器听觉辨识技术，联合机组运行数据进行点面结合的设备异常声音立体化辨识，将声音与设备密切关联；视觉数据处理方面，通过虚实融合的图像样本生成方法及适应抽水蓄能电站复杂场景的机器视觉辨识技术，形成满足抽水蓄能电站生产区域巡维要求的视频观测点和算法配置规范，构建出概要清晰、识别信息全面的视觉基础数据。在此基础上，联合声音

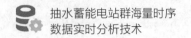

和视觉数据实现现场设备状态的智能检测，相当于为巡检工作加装了"顺风耳"和"千里眼"。

融合设备、水工建（构）筑物的海量时序数据、视频和声音等多源异构数据，实现计算机监控与视听的联动感知功能，解决单一感知方式容错性低、覆盖面不全的问题。在时序数据分析环境中配置模板和分析方法，利用平台的数据分析能力，运行维护人员可根据需要通过配置组态式建立监测体系，实现电站运行和构筑物性态多维度、立体化精准分析及问题呈现，以及运行及巡视分析工作的自动完成。

<h1 style="text-align:center">3.2</h1>
<h1 style="text-align:center">设备动作一致性数据巡检</h1>

3.2.1 场景描述

大型设备结构复杂，一个操作对应的执行动作（如投入、退出、合、分等）需要多个组成部分协同完成，而这些组成部分的动作是否具有同步性，实质性地反映出设备的状态。

"设备动作不同步"数据巡检即通过搜集到的设备组成部分的时序动作信号，检视设备状态的稳定性。设备动作不同步分析指的是针对一个设备所包含的指示设备特定动作整体完成情况的多个信号，统计出同步性数据并对同步性异常的情况进行告警。设备（流程）不同步动作分析依据时序数据中记录的每次该设备（流程）多个信号从一个状态到另一个状态的动作时刻差值，当动作时刻差值超过设定值时发告警。

3.2.2 实现方法

基于电厂的领域建模构建的设备及测点模型，确定动作一致性检查所需处理的设备及其测点。生产领域对资产的建模，核心台账结构是从功能角度描述资产，对资产对象划分为设施、功能分组、设备、成套设备、组件、部件。设施、功能分组、设备、成套设备间的聚合关联描述功能位置的结构模型；组件、部件则用于描述产品的部件结构模型。其中，设备和部件表示可安装物理设备的节点，其余节点主要发挥台账结构的组织作用。

设备动作一致性数据巡检侧重于设备功能是否能正常执行，也正顺应了领域建模中对功能面的刻画。对于大型设备而言，包含的多个组件、部件如果不同步，可能会对设备的功能造成严重影响。

设备不同步动作分析的原理，如图 3－1 所示，以机械刹车爪投入为例：

（1）如果是长期监测，则直接对待监测设备的动作相关开关量进行监测；如果是条件触发，则当开始触发条件成立时（例如当设备的某个开关量，状态为 1 时），开始对待监测设备的动作相关开关量进行监测，直到结束触发条件成立，结束对待监测设备的动作相关开关量进行监测。

（2）记录设备的动作相关开关量监测信号，获得开关量信号记录 Q_2。

（3）按开关量状态将开关量信号记录 Q_2 分为投入状态的开关量记录 Q_{21} 和退出状态的开关量记录 Q_{22} 两类。

（4）投入状态的动作时刻差值，等于投入动作周期内，最后一条开关量信号记录与第一条开关量信号记录的时间差。

（5）如果投入动作时刻差值大于差值过滤阈值，表明该动作时刻差值是过大的脏数据，应从投入动作时刻差值中剔除。

（6）如果投入动作时刻差值小于差值过滤阈值，大于告警时间设定值，表明投入动作不同步，应输出不同步动作告警，并记录开关量记录。

（7）退出状态的动作时刻差值，等于退出动作周期内，最后一条开关量信号记录与第一条开关量信号记录的时间差。

（8）如果退出动作时刻差值大于差值过滤阈值，表明该动作时刻差值是过大的脏数据，应从退出状态动作时刻差值中剔除。

（9）如果退出动作时刻差值小于差值过滤阈值，大于告警时间设定值，表明退出动作不同步，应输出不同步动作告警，并记录开关量记录。

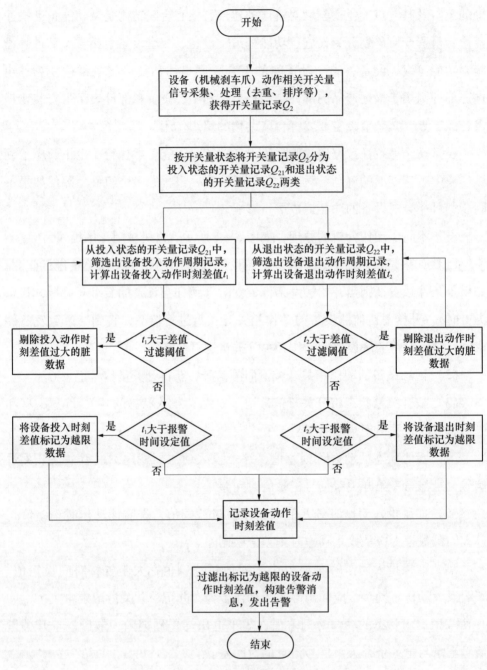

图 3 - 1　设备不同步分析过程

（10）按时间段统计以上投入（或退出）动作时刻差值的平均值、累加值、最大值、最小值、标准差。

（11）概率密度分布统计图用函数"tabulate（x）"计算。其中 x 为不同步动作时刻差值的时间集合，tabulate 函数的功能是计算 x 时间集合中每个时间点出现的次数，并将结果以表格形式返回，表格有三列：第一列是 x 时间集合中出现的不同时间点，第二列是每个时间点在 x 时间集合中出现的次数，第三列是这些时间点在 x 时间集合中出现的百分比。

（12）通过获取概率密度分布统计整体数值统计参数（平均值、标准差）。选择以平均值为中心，1.96 倍标准差以外的开关量记录，标注为均值中心异常运行工况的开关量记录；选择以最大频值为中心，1.96 倍标准差以外的开关量记录，标注为最大频值中心异常开关量记录。

按照配置策略、拉取时序数据、执行分析的步骤实现设备（流程）不同步动作统计及异常判断。

针对待监测设备，确认设备动作相关的状态开关量及状态对应值（0 或 1、0 到 1 或 1 到 0）、差值过滤阈值、告警时间设定值等信息，通过定制化的配置界面，完成分析策略的配置。

基于计算规则的配置，通过数据集成任务，从源数据系统拉取相关测点的时序数据，结合规则标识、计算规则（转化为 Aviator 表达式）等信息，重构为适用于规则计算的基础数据，发送到 Kafka 主题。

针对"设备（流程）不同步动作统计及异常判断"开发的 Flink 计算任务，从 Kafka 主题中拉取这些数据，按照预定义的数据计算逻辑，对固定结构的基础数据进行解释、执行。

其中的关键步骤有：

（1）监测状态是否发生改变，剔除状态没有发生改变的数据。

从"mp_states"状态存储器中获取测点前一个状态的记录，存放到当前数据条目的"前一状态"字段中，同时将当前数据条目更新到"mp_states"状态存储器。

如果获取的测点前一状态为空，或者当前数据条目的时间大于测点前一状态的时间，则表明当前数据条目是新的数据。如果当前数据条目是新的数据，再将当前数据条目的 state1、state2 与测点前一状态的 state1、state2 进行比较，如果两者相同，则表明是状态没有发生改变的数据，可剔除。

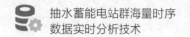
（2）计算触发条件。数据集成任务在构建适于规则计算的基础数据时，使用 mark 字段来标记策略是否具备触发条件。

mark 的可取值与含义如下：

1）C–：该数据是配置了触发条件的信号数据；

2）NA：未配置触发条件的信号数据；

3）XX：触发条件数据。

C–经过计算细化成如下三种：

1）CQ：还未计算触发条件时的信号数据（触发条件数据在后面才进入计算管道）；

2）CN：触发条件不成立的信号数据；

3）CY：触发条件成立的信号数据。

触发条件的计算逻辑是：首先依据 mark 字段值判断是否具备触发条件，如果没有，返回 true，即触发成立；如果有，判断触发条件的计算规则表达式是否为空，如果为空，返回 true；如果不为空，则执行触发条件表达式，返回结果为 true，则触发成立，返回结果 false，触发不成立。

（3）拆分出各个监测信号，判断信号是否成立、是否是结束信号。

配置好的分析策略，经数据集成任务，其监测信号配置转化为 JSON 对象格式进入计算管道，格式如下：

```
{
    " tag1":" 表达式 1",
    " tag2":" 表达式 2"
}
```

JSON 对象格式的监测信号中可包含一个或多个监测信号。分析过程需要对 JSON 格式的监测信号进行拆分。需要注意的是，拆分出来的监测信号有几个，当前数据条目就会复制出几个。例如有两个监测信号，那么拆分后，一个数据条目将变为两条，其区别就在于监测信号不同。

拆分后，得到监测信号标签（如 tag1）以及信号表达式（如表达式 1）。

信号表达式通常包含多个测点，例如"$P_1==1$"&"$P_2==1$"&"$P_3==1$"&"$P_4==1$"。从第 1 个测点条件成立，到所有测点条件成立，这个过程即是一个动作周期。

在一个动作周期里，当第 1 个测点条件成立时，信号 e_1（表达式"$P_1==1$"&"$P_2==0$"&"$P_3==0$"&"$P_4==0$"）不成立，表明这不是结束信号；然后判断"signal_state"（信号存储器）是否为空，如果为空，则将当前信号存入"signal_state"。在每个动作周期结束时，"signal_state"都会被清空，所以当第 1 个测点成立时，"signal_state"为空，当前信号状态将存储到"signal_state"中。

第 2 个测点成立时，信号 e_1 依然不成立，表明这不是结束信号；"signal_state"也不为空，所以不存储当前信号。

第 3 个测点成立时，信号 e_1 依然不成立，表明这不是结束信号；"signal_state"也不为空，所以不存储当前信号。

第 4 个测点成立时，信号 e_1（"$P_1==1$"&"$P_2==1$"&"$P_3==1$"&"$P_4==1$"）成立，表明这是结束信号；此时，将从"signal_state"中读取第 1 个测点成立时的信号状态，存放到"per_signal_jo_str"（前一信号）字段，并清空"signal_state"。

执行信号表达式解析计算后，返回计算结果（true 或 false）。

如果返回 true，表示当前数据条目满足条件，产生监测信号。同时，将从"signal_states"信号状态存储器中获取前一个信号状态，并将当前信号状态更新到信号状态存储器中。

如果返回 false，表示当前数据条目不满足条件，该数据条目将被剔除。注意，同一数据条目只能使一个监测信号成立。因此先前虽然依据监测信号的数量复制了多条数据，但经过计算最终保留的，最多只有一条。

（4）提取实时配置项。配置好的分析策略，其实时计算配置，经数据集成任务，转化为 JSON 数组（JSONArray）格式进入计算管道。数组中每一个元素均是一个 JSON 对象，包含属性：tag［标签］、filterUpper［差值过滤阈值（秒）］、alarmUpper［告警高限值（秒）］。例如：

```json
[
    {
        "tag":"机械刹车爪（投入）",
        "filterUpper": 600,
        "alarmUpper": 180
    },
    {
        "tag":"机械刹车爪（退出）",
        "filterUpper": 600,
        "alarmUpper": 180
    }
]
```

依据监测信号标签，从 JSON 数组格式的实时计算配置中提取相应的实时配置项的标签、差值过滤阈值、告警高限值。

在之前的处理中，已经从 JSON 对象格式的监测信号中，拆分出了监测信号标签，如"机械刹车爪（投入）"，依据该标签，从数组格式的实时计算配置中，提取相应的实时配置项，如：

```json
{
    "tag":"机械刹车爪（投入）",
    "filterUpper": 600,
    "alarmUpper": 180
}
```

其中的标签值、差值过滤阈值、告警高限值，将分别存储到数据条目的相应字段中。

（5）计算差值，判断是否发生告警。

在之前的处理中，当监测信号计算成立时，已获取了前一个信号状态，并存储在数据条目的"前一信号"字段中。

时差计算是用当前数据条目的时间减去前一信号的时间。如果时差大于差值过滤阈值，则使用"是否是差值过滤阈值数据"字段，标记为 true（差值过滤阈值）。如果当前数据条目是结束信号（监测信号成立），且时差不是差值过滤值，则比较时差与告警高限值的大小，若大于告警高限值，则使用"是否越过告警时间设定限值"字段，标记为 true（越过了告警时间设定值）。

（6）过滤出告警数据，构建告警消息。

在上一步骤，已使用"是否越过告警时间设定限值"字段，标记了当前数据是否为告警数据。依据该字段，将告警数据过滤出来。

从告警数据中提取所需字段，如时间、测点、时差等，再结合部分常量信息，如消息类型为"Event"等，构建告警消息。

构建好的告警消息，将被写入 Kafka 目标主题。由 Kafka 推送至消息中心，订阅该主题的告警信息消费者即可得到相应的通知。

3.2.3　实例解析

时序数据分析环境中设定的策略模板命名为"设备（流程）不同步动作统计及异常判断"。

输入参数为：

（1）待监视设备（流程）初始状态开关量及状态对应值（0 或 1、0 到 1 或 1 到 0，设置选择项），多个（n）；

（2）待监视设备（流程）结束状态开关量及状态对应值（0 或 1、0 到 1 或 1 到 0，设置选择项），多个（n）；

（3）差值过滤阈值，多个（n）；

（4）告警时间设定值（带 > 或 < 选择项），多个（n）；

（5）时间段选择（每天、每周、每月等）。

输出参数为：

（1）设备不同步动作时刻差值，多个（n）；

（2）异常开关量记录数据报告，多个（n）；

（3）按时间段统计设备不同步动作时刻差值的平均值、累加值、最大值、最小值、标准差，多个（n）；

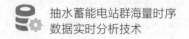

（4）概率密度分布统计。

表 3-1 是某抽水蓄能电站"A 蓄 3 号机组机械刹车"分析策略的输入数据（配置）。

表 3-1　　　　　　　　　设备不同步动作统计配置

监测信号			
名称	逻辑关系	测点标识	状态（区间）设置
机械刹车爪（投入）	且	03GTA __ FA1 __	DISAPL→APPLIED
		03GTA __ FA2 __	DISAPL→APPLIED
		03GTA __ FA3 __	DISAPL→APPLIED
		03GTA __ FA4 __	DISAPL→APPLIED
机械刹车爪（退出）	且	03GTA __ FA1 __	APPLIED→DISAPL
		03GTA __ FA2 __	APPLIED→DISAPL
		03GTA __ FA3 __	APPLIED→DISAPL
		03GTA __ FA4 __	APPLIED→DISAPL
策略配置			
标签	差值过滤阈值（s）		告警高限值（s）
机械刹车爪（投入）	600		180
机械刹车爪（退出）	600		180

表 3-2 是在运期间用于分析判定的一段时序数据序列。

表 3-2　　　　　　　　设备不同步动作统计实例数据

序号	时间	源系统 id	名称	状态	来源
1	2024-02-02 22：43：45.240	03GTA __ FA4 __	GEN. BRAKE	APPLIED	监测信号
2	2024-02-02 22：43：47.340	03GTA __ FA2 __	GEN. BRAKE	APPLIED	监测信号
3	2024-02-02 22：43：47.580	03GTA __ FA1 __	GEN. BRAKE	APPLIED	监测信号
4	2024-02-02 22：43：48.260	03GTA __ FA3 __	GEN. BRAKE	APPLIED	监测信号
5	2024-02-02 22：45：21.100	03GTA __ FA2 __	GEN. BRAKE	DISAPL	监测信号
6	2024-02-02 22：45：22.260	03GTA __ FA1 __	GEN. BRAKE	DISAPL	监测信号

续表

序号	时间	源系统 id	名称	状态	来源
7	2024 – 02 – 02 22：45：25.740	03GTA __ FA4 __	GEN. BRAKE	DISAPL	监测信号
8	2024 – 02 – 02 22：45：27.280	03GTA __ FA3 __	GEN. BRAKE	DISAPL	监测信号
9	2024 – 02 – 03 01：13：53.640	03GTA __ FA4 __	GEN. BRAKE	APPLIED	监测信号
10	2024 – 02 – 03 01：13：55.660	03GTA __ FA2 __	GEN. BRAKE	APPLIED	监测信号
11	2024 – 02 – 03 01：13：55.920	03GTA __ FA1 __	GEN. BRAKE	APPLIED	监测信号
12	2024 – 02 – 03 01：13：56.580	03GTA __ FA3 __	GEN. BRAKE	APPLIED	监测信号
13	2024 – 02 – 03 01：16：43.140	03GTA __ FA2 __	GEN. BRAKE	DISAPL	监测信号
14	2024 – 02 – 03 01：16：44.620	03GTA __ FA1 __	GEN. BRAKE	DISAPL	监测信号
15	2024 – 02 – 03 01：16：47.480	03GTA __ FA4 __	GEN. BRAKE	DISAPL	监测信号
16	2024 – 02 – 03 01：16：48.980	03GTA __ FA3 __	GEN. BRAKE	DISAPL	监测信号
17	2024 – 02 – 03 01：28：00.420	03GTA __ FA4 __	GEN. BRAKE	APPLIED	监测信号
18	2024 – 02 – 03 01：28：02.480	03GTA __ FA2 __	GEN. BRAKE	APPLIED	监测信号
19	2024 – 02 – 03 01：28：02.680	03GTA __ FA1 __	GEN. BRAKE	APPLIED	监测信号
20	2024 – 02 – 03 01：28：03.340	03GTA __ FA3 __	GEN. BRAKE	APPLIED	监测信号
21	2024 – 02 – 03 01：29：37.080	03GTA __ FA2 __	GEN. BRAKE	DISAPL	监测信号
22	2024 – 02 – 03 01：29：39.020	03GTA __ FA1 __	GEN. BRAKE	DISAPL	监测信号
23	2024 – 02 – 03 01：29：42.280	03GTA __ FA4 __	GEN. BRAKE	DISAPL	监测信号
24	2024 – 02 – 03 01：29：44.340	03GTA __ FA3 __	GEN. BRAKE	DISAPL	监测信号
25	2024 – 02 – 03 02：23：12.800	03GTA __ FA4 __	GEN. BRAKE	APPLIED	监测信号
26	2024 – 02 – 03 02：23：14.900	03GTA __ FA2 __	GEN. BRAKE	APPLIED	监测信号
27	2024 – 02 – 03 02：23：15.040	03GTA __ FA1 __	GEN. BRAKE	APPLIED	监测信号
28	2024 – 02 – 03 02：23：15.740	03GTA __ FA3 __	GEN. BRAKE	APPLIED	监测信号
29	2024 – 02 – 03 02：25：56.000	03GTA __ FA2 __	GEN. BRAKE	DISAPL	监测信号
30	2024 – 02 – 03 02：25：57.860	03GTA __ FA1 __	GEN. BRAKE	DISAPL	监测信号
31	2024 – 02 – 03 02：26：00.760	03GTA __ FA4 __	GEN. BRAKE	DISAPL	监测信号
32	2024 – 02 – 03 02：26：02.560	03GTA __ FA3 __	GEN. BRAKE	DISAPL	监测信号
33	2024 – 02 – 03 02：36：33.060	03GTA __ FA4 __	GEN. BRAKE	APPLIED	监测信号
34	2024 – 02 – 03 02：36：35.120	03GTA __ FA2 __	GEN. BRAKE	APPLIED	监测信号

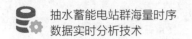
续表

序号	时间	源系统 id	名称	状态	来源
35	2024 – 02 – 03 02：36：35. 200	03GTA __ FA1 __	GEN. BRAKE	APPLIED	监测信号
36	2024 – 02 – 03 02：36：35. 960	03GTA __ FA3 __	GEN. BRAKE	APPLIED	监测信号
37	2024 – 02 – 03 02：38：09. 500	03GTA __ FA2 __	GEN. BRAKE	DISAPL	监测信号
38	2024 – 02 – 03 02：38：11. 500	03GTA __ FA1 __	GEN. BRAKE	DISAPL	监测信号
39	2024 – 02 – 03 02：38：14. 680	03GTA __ FA4 __	GEN. BRAKE	DISAPL	监测信号
40	2024 – 02 – 03 02：38：16. 500	03GTA __ FA3 __	GEN. BRAKE	DISAPL	监测信号
41	2024 – 02 – 03 03：01：08. 540	03GTA __ FA4 __	GEN. BRAKE	APPLIED	监测信号
42	2024 – 02 – 03 03：01：10. 620	03GTA __ FA2 __	GEN. BRAKE	APPLIED	监测信号
43	2024 – 02 – 03 03：01：10. 700	03GTA __ FA1 __	GEN. BRAKE	APPLIED	监测信号
44	2024 – 02 – 03 03：01：11. 460	03GTA __ FA3 __	GEN. BRAKE	APPLIED	监测信号
45	2024 – 02 – 03 03：02：39. 980	03GTA __ FA2 __	GEN. BRAKE	DISAPL	监测信号
46	2024 – 02 – 03 03：02：41. 320	03GTA __ FA1 __	GEN. BRAKE	DISAPL	监测信号
47	2024 – 02 – 03 03：02：44. 300	03GTA __ FA4 __	GEN. BRAKE	DISAPL	监测信号
48	2024 – 02 – 03 03：02：46. 080	03GTA __ FA3 __	GEN. BRAKE	DISAPL	监测信号
49	2024 – 02 – 03 08：15：05. 080	03GTA __ FA4 __	GEN. BRAKE	APPLIED	监测信号
50	2024 – 02 – 03 08：15：07. 100	03GTA __ FA2 __	GEN. BRAKE	APPLIED	监测信号
51	2024 – 02 – 03 08：15：07. 320	03GTA __ FA1 __	GEN. BRAKE	APPLIED	监测信号
52	2024 – 02 – 03 08：15：08. 000	03GTA __ FA3 __	GEN. BRAKE	APPLIED	监测信号
53	2024 – 02 – 03 08：16：39. 200	03GTA __ FA2 __	GEN. BRAKE	DISAPL	监测信号
54	2024 – 02 – 03 08：16：40. 740	03GTA __ FA1 __	GEN. BRAKE	DISAPL	监测信号
55	2024 – 02 – 03 08：16：43. 860	03GTA __ FA4 __	GEN. BRAKE	DISAPL	监测信号
56	2024 – 02 – 03 08：16：45. 300	03GTA __ FA3 __	GEN. BRAKE	DISAPL	监测信号
57	2024 – 02 – 03 09：19：04. 820	03GTA __ FA4 __	GEN. BRAKE	APPLIED	监测信号
58	2024 – 02 – 03 09：19：06. 760	03GTA __ FA2 __	GEN. BRAKE	APPLIED	监测信号
59	2024 – 02 – 03 09：19：07. 040	03GTA __ FA1 __	GEN. BRAKE	APPLIED	监测信号
60	2024 – 02 – 03 09：19：07. 720	03GTA __ FA3 __	GEN. BRAKE	APPLIED	监测信号
61	2024 – 02 – 03 09：20：50. 740	03GTA __ FA2 __	GEN. BRAKE	DISAPL	监测信号
62	2024 – 02 – 03 09：20：52. 260	03GTA __ FA1 __	GEN. BRAKE	DISAPL	监测信号

续表

序号	时间	源系统 id	名称	状态	来源
63	2024 - 02 - 03 09：20：55.040	03GTA __ FA4 __	GEN. BRAKE	DISAPL	监测信号
64	2024 - 02 - 03 09：20：56.440	03GTA __ FA3 __	GEN. BRAKE	DISAPL	监测信号
65	2024 - 02 - 03 11：47：41.400	03GTA __ FA4 __	GEN. BRAKE	APPLIED	监测信号
66	2024 - 02 - 03 11：47：43.440	03GTA __ FA2 __	GEN. BRAKE	APPLIED	监测信号
67	2024 - 02 - 03 11：47：43.700	03GTA __ FA1 __	GEN. BRAKE	APPLIED	监测信号
68	2024 - 02 - 03 11：47：44.380	03GTA __ FA3 __	GEN. BRAKE	APPLIED	监测信号
69	2024 - 02 - 03 11：49：17.060	03GTA __ FA2 __	GEN. BRAKE	DISAPL	监测信号
70	2024 - 02 - 03 11：49：18.960	03GTA __ FA1 __	GEN. BRAKE	DISAPL	监测信号
71	2024 - 02 - 03 11：49：22.120	03GTA __ FA4 __	GEN. BRAKE	DISAPL	监测信号
72	2024 - 02 - 03 11：49：23.540	03GTA __ FA3 __	GEN. BRAKE	DISAPL	监测信号
73	2024 - 02 - 03 18：18：34.520	03GTA __ FA4 __	GEN. BRAKE	APPLIED	监测信号
74	2024 - 02 - 03 18：18：36.540	03GTA __ FA2 __	GEN. BRAKE	APPLIED	监测信号
75	2024 - 02 - 03 18：18：36.780	03GTA __ FA1 __	GEN. BRAKE	APPLIED	监测信号
76	2024 - 02 - 03 18：18：37.460	03GTA __ FA3 __	GEN. BRAKE	APPLIED	监测信号
77	2024 - 02 - 03 18：20：21.360	03GTA __ FA2 __	GEN. BRAKE	DISAPL	监测信号
78	2024 - 02 - 03 18：20：22.520	03GTA __ FA1 __	GEN. BRAKE	DISAPL	监测信号
79	2024 - 02 - 03 18：20：25.640	03GTA __ FA4 __	GEN. BRAKE	DISAPL	监测信号
80	2024 - 02 - 03 18：20：27.000	03GTA __ FA3 __	GEN. BRAKE	DISAPL	监测信号
81	2024 - 02 - 03 18：59：36.980	03GTA __ FA4 __	GEN. BRAKE	APPLIED	监测信号
82	2024 - 02 - 03 18：59：39.000	03GTA __ FA2 __	GEN. BRAKE	APPLIED	监测信号
83	2024 - 02 - 03 18：59：39.240	03GTA __ FA1 __	GEN. BRAKE	APPLIED	监测信号
84	2024 - 02 - 03 18：59：39.920	03GTA __ FA3 __	GEN. BRAKE	APPLIED	监测信号
85	2024 - 02 - 03 19：01：13.160	03GTA __ FA2 __	GEN. BRAKE	DISAPL	监测信号
86	2024 - 02 - 03 19：01：15.060	03GTA __ FA1 __	GEN. BRAKE	DISAPL	监测信号
87	2024 - 02 - 03 19：01：18.240	03GTA __ FA4 __	GEN. BRAKE	DISAPL	监测信号
88	2024 - 02 - 03 19：01：19.540	03GTA __ FA3 __	GEN. BRAKE	DISAPL	监测信号
89	2024 - 02 - 03 21：04：49.760	03GTA __ FA4 __	GEN. BRAKE	APPLIED	监测信号
90	2024 - 02 - 03 21：04：51.780	03GTA __ FA2 __	GEN. BRAKE	APPLIED	监测信号

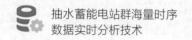
抽水蓄能电站群海量时序
数据实时分析技术

续表

序号	时间	源系统 id	名称	状态	来源
91	2024 - 02 - 03 21：04：52.020	03GTA __ FA1 __	GEN. BRAKE	APPLIED	监测信号
92	2024 - 02 - 03 21：04：52.620	03GTA __ FA3 __	GEN. BRAKE	APPLIED	监测信号
93	2024 - 02 - 03 21：06：37.380	03GTA __ FA2 __	GEN. BRAKE	DISAPL	监测信号
94	2024 - 02 - 03 21：06：38.980	03GTA __ FA1 __	GEN. BRAKE	DISAPL	监测信号
95	2024 - 02 - 03 21：06：41.900	03GTA __ FA4 __	GEN. BRAKE	DISAPL	监测信号
96	2024 - 02 - 03 21：06：43.420	03GTA __ FA3 __	GEN. BRAKE	DISAPL	监测信号
97	2024 - 02 - 03 23：03：48.560	03GTA __ FA4 __	GEN. BRAKE	APPLIED	监测信号
98	2024 - 02 - 03 23：03：50.600	03GTA __ FA2 __	GEN. BRAKE	APPLIED	监测信号
99	2024 - 02 - 03 23：03：50.860	03GTA __ FA1 __	GEN. BRAKE	APPLIED	监测信号
100	2024 - 02 - 03 23：03：51.520	03GTA __ FA3 __	GEN. BRAKE	APPLIED	监测信号
101	2024 - 02 - 03 23：05：24.900	03GTA __ FA2 __	GEN. BRAKE	DISAPL	监测信号
102	2024 - 02 - 03 23：05：27.220	03GTA __ FA1 __	GEN. BRAKE	DISAPL	监测信号
103	2024 - 02 - 03 23：05：30.360	03GTA __ FA4 __	GEN. BRAKE	DISAPL	监测信号
104	2024 - 02 - 03 23：05：31.680	03GTA __ FA3 __	GEN. BRAKE	DISAPL	监测信号
105	2024 - 02 - 03 23：37：00.040	03GTA __ FA4 __	GEN. BRAKE	APPLIED	监测信号
106	2024 - 02 - 03 23：37：02.100	03GTA __ FA2 __	GEN. BRAKE	APPLIED	监测信号
107	2024 - 02 - 03 23：37：02.340	03GTA __ FA1 __	GEN. BRAKE	APPLIED	监测信号
108	2024 - 02 - 03 23：37：03.000	03GTA __ FA3 __	GEN. BRAKE	APPLIED	监测信号
109	2024 - 02 - 03 23：38：52.560	03GTA __ FA2 __	GEN. BRAKE	DISAPL	监测信号
110	2024 - 02 - 03 23：38：54.300	03GTA __ FA1 __	GEN. BRAKE	DISAPL	监测信号
111	2024 - 02 - 03 23：38：57.560	03GTA __ FA4 __	GEN. BRAKE	DISAPL	监测信号
112	2024 - 02 - 03 23：38：58.820	03GTA __ FA3 __	GEN. BRAKE	DISAPL	监测信号
113	2024 - 02 - 04 00：40：28.840	03GTA __ FA4 __	GEN. BRAKE	APPLIED	监测信号
114	2024 - 02 - 04 00：40：30.960	03GTA __ FA2 __	GEN. BRAKE	APPLIED	监测信号
115	2024 - 02 - 04 00：40：31.200	03GTA __ FA1 __	GEN. BRAKE	APPLIED	监测信号
116	2024 - 02 - 04 00：40：31.840	03GTA __ FA3 __	GEN. BRAKE	APPLIED	监测信号
117	2024 - 02 - 04 00：42：04.120	03GTA __ FA2 __	GEN. BRAKE	DISAPL	监测信号
118	2024 - 02 - 04 00：42：05.520	03GTA __ FA1 __	GEN. BRAKE	DISAPL	监测信号

第 3 章
运行巡检实时分析技术

续表

序号	时间	源系统 id	名称	状态	来源
119	2024 - 02 - 04 00：42：09.280	03GTA __ FA4 __	GEN. BRAKE	DISAPL	监测信号
120	2024 - 02 - 04 00：42：10.680	03GTA __ FA3 __	GEN. BRAKE	DISAPL	监测信号
121	2024 - 02 - 04 11：03：59.840	03GTA __ FA4 __	GEN. BRAKE	APPLIED	监测信号
122	2024 - 02 - 04 11：04：01.920	03GTA __ FA2 __	GEN. BRAKE	APPLIED	监测信号
123	2024 - 02 - 04 11：04：02.120	03GTA __ FA1 __	GEN. BRAKE	APPLIED	监测信号
124	2024 - 02 - 04 11：04：02.820	03GTA __ FA3 __	GEN. BRAKE	APPLIED	监测信号
125	2024 - 02 - 04 11：05：46.960	03GTA __ FA2 __	GEN. BRAKE	DISAPL	监测信号
126	2024 - 02 - 04 11：05：48.740	03GTA __ FA1 __	GEN. BRAKE	DISAPL	监测信号
127	2024 - 02 - 04 11：05：51.560	03GTA __ FA4 __	GEN. BRAKE	DISAPL	监测信号
128	2024 - 02 - 04 11：05：52.760	03GTA __ FA3 __	GEN. BRAKE	DISAPL	监测信号
129	2024 - 02 - 04 11：49：28.800	03GTA __ FA4 __	GEN. BRAKE	APPLIED	监测信号
130	2024 - 02 - 04 11：49：30.840	03GTA __ FA2 __	GEN. BRAKE	APPLIED	监测信号
131	2024 - 02 - 04 11：49：31.040	03GTA __ FA1 __	GEN. BRAKE	APPLIED	监测信号
132	2024 - 02 - 04 11：49：31.740	03GTA __ FA3 __	GEN. BRAKE	APPLIED	监测信号
133	2024 - 02 - 04 11：51：05.200	03GTA __ FA2 __	GEN. BRAKE	DISAPL	监测信号
134	2024 - 02 - 04 11：51：06.520	03GTA __ FA1 __	GEN. BRAKE	DISAPL	监测信号
135	2024 - 02 - 04 11：51：10.220	03GTA __ FA4 __	GEN. BRAKE	DISAPL	监测信号
136	2024 - 02 - 04 11：51：11.540	03GTA __ FA3 __	GEN. BRAKE	DISAPL	监测信号

当前策略的监测设备（机械刹车爪）有四个动作相关的开关量，分别是 "03GTA __ FA1 __""03GTA __ FA2 __""03GTA __ FA3 __""03GTA __ FA4 __"，它们对应的状态值分别记作 S_1、S_2、S_3、S_4，它们对应的时间分别记作 t_1、t_2、t_3、t_4。

前置条件是在信号存储器中已存储了四个开关量的状态信息，包括状态和时间等。其中四个开关量的状态均是 "DISAPL"（或 null）。

时序数据分析至第 33 条数据时，监测到 "03GTA __ FA4 __" 的状态值 S_4 变为 "APPLIED"，机械刹车爪（投入）监测信号（其中一个测点）条件成立，则将 "03GTA __ FA4 __" 的信息更新到存储器，并从存储器中读取其余

三个测点的状态值 S_1（DISAPL）、S_2（DISAPL）、S_3（DISAPL）进行判定，即 "S_1 == APPLIED" & "S_2 == APPLIED" & "S_3 == APPLIED" & "S_4 == APPLIED"，判定结果不成立，继续向下分析。

分析到第 34 条数据时，监测到 "03GTA __ FA2 __" 的状态值 S_2 变为 "APPLIED"，机械刹车爪（投入）监测信号（其中一个测点）条件成立，则将 "03GTA __ FA2 __" 的信息更新到存储器，并从存储器中读取其余三个测点的状态值 S_1（DISAPL）、S_3（DISAPL）、S_4（APPLIED）进行判定，即 "S_1 == APPLIED" & "S_2 == APPLIED" & "S_3 == APPLIED" & "S_4 == APPLIED"，判定结果不成立，继续向下分析。

分析到第 35 条数据时，监测到 "03GTA __ FA1 __" 的状态值 S_1 变为 "APPLIED"，机械刹车爪（投入）监测信号（其中一个测点）条件成立，则将 "03GTA __ FA1 __" 的信息更新到存储器，并从存储器中读取其余三个测点的状态值 S_2（APPLIED）、S_3（DISAPL）、S_4（APPLIED）进行判定，即 "S_1 == APPLIED" & "S_2 == APPLIED" & "S_3 == APPLIED" & "S_4 == APPLIED"，判定结果不成立，继续向下分析。

当分析到第 36 条数据时，监测到 "03GTA __ FA3 __" 的状态值 S_3 变为 "APPLIED"，机械刹车爪（投入）监测信号（其中一个测点）条件成立，则将 "03GTA __ FA3 __" 的信息更新到存储器，并从存储器中读取其余三个测点的状态值 S_1（APPLIED）、S_2（APPLIED）、S_4（APPLIED）进行判定，即 "S_1 == APPLIED" & "S_2 == APPLIED" & "S_3 == APPLIED" & "S_4 == APPLIED"，判定结果成立，计算机械刹车爪的投入动作的时长。

机械刹车爪的投入动作，自第 33 条数据的 "03GTA __ FA4 __" 测点开始，至第 36 条数据的 "03GTA __ FA3 __" 测点结束，所以动作时长等于第 36 条数据 "03GTA __ FA3 __" 测点的时间 t_3（2024 - 02 - 03 02：36：35.960），减去第 33 条数据 "03GTA __ FA4 __" 测点的时间 t_4（从存储器中读取 2024 - 02 - 03 02：36：33.060）。计算得到动作时长为 $t_3 - t_4 = 2.900\mathrm{s}$。

将机械刹车爪的投入动作时长，与相应的"差值过滤阈值（秒）""告警高限值（秒）"进行比较，动作时长（2.900s）小于差值过滤阈值（600s），表明当前结果可信,不需要剔除。动作时长(2.900s)小于告警高限值(180s),不产生告警。

继续分析第 37 ~ 40 条数据。机械刹车爪的退出动作,自第 37 条数据的"03GTA __ FA2 __"测点开始,至第 40 条数据的"03GTA __ FA3 __"测点结束,所以动作时长等于当前第 40 条数据,"03GTA __ FA3 __"测点的时间 t_3(2024 - 02 - 03 02:38:16.500),减去第 37 条数据"03GTA __ FA4 __"测点的时间 t_4(从存储器中读取 2024 - 02 - 03 02:38:09.500)。动作时长为 $t_3 - t_4 = 7.000s$。

将机械刹车爪的退出动作时长与相应的"差值过滤阈值(秒)""告警高限值(秒)"进行比较,动作时长(7.000s)小于差值过滤阈值(600s),表明当前结果可信,不需要剔除。动作时长(7.000s)小于告警高限值(180s),不产生告警。

假设告警高限值为 6s,机械刹车爪的退出动作时长(7.000s)大于告警高限值,则产生告警。

设备同步相关的运行统计图如图 3 - 2、图 3 - 3 所示。

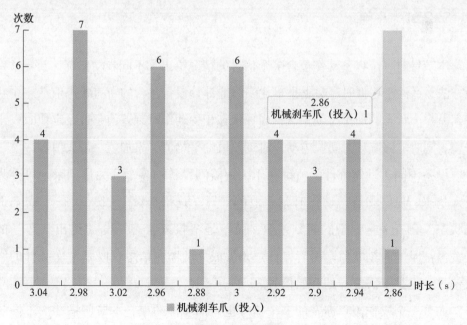

图 3 - 2　设备动作同步性统计(一)

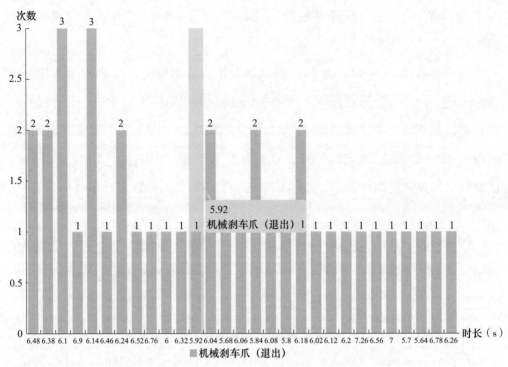

图 3 – 3　设备动作同步性统计（二）

3.2.4　小结

本节针对一个设备动作包含多个信号的情况给出了不同步动作统计及异常判断方法，适用于根据时序数据批量化实时地计算设备包含的所有状态值从一个状态到另一个状态的动作时刻差值，当各状态相关动作时刻差值超过设定值时发出告警。同时能够统计时间段内动作时刻差值的平均值、累加值、最大值等。

设备不同步动作统计的关键在于，待监测设备的多个开关量记录，可分为投入状态、退出状态。动作时刻差值的计算，是指连续"投入状态"或"退出状态"的开关量记录的时刻差值，而不是"投入状态"与"退出状态"的开关量记录的时刻差值。再者，任意条件成立的监测信号，既是本次统计的结束信号，也是下次统计的开始信号。

如果一个操作流程涉及的多个信号也有同步性约束，本节所描述的不同步分析也适用于对流程中各信号的不同步分析。

3.3
设备状态一致性数据巡检

3.3.1 场景描述

电力领域的设备状态一致性指的是当设备处于某种状态或工况时，与其具有相关性的某个或某些开关量、模拟量应该在某个状态，或是在某个范围，或是多个量之间满足某种数学关系。

传统的设备状态一致性判定方法主要依赖历史数据，存在判定延迟相对较大的问题。在需要准实时发现状态不一致，并发出告警信息的场景下不能满足要求。

基于时序数据分析进行设备状态一致性判定可以有效提高判定效率，以当前时刻的工况及状态为判定条件之一，配合时间窗口内（向前或向后）应该同时满足的其他状态的联合判断，可以在多个状态应该一致而实际不一致时及时发出告警，快速启动核查，及时排除可能存在的缺陷。

3.3.2 实现方法

从抽水蓄能电站生产领域建模构建的资产模型中选定待巡检状态一致性的设备，根据设备关联的状态量（数字量状态值）设定相应判断周期、判断方向。

抽水蓄能电站设备工况或状态一致性判定分为前向判定和后向判定两种。

（1）前向判定。指的是当抽水蓄能电站的某个设备达到特定的工作状态或满足某个条件时，根据系统设定，另一个工作状态或条件也应当在规定的时间内被实现或满足。

前向判定的目的是确保设备在达到某一状态后，相关的其他状态或条件也

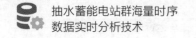
能及时跟进，以保证设备运行的连贯性和稳定性。分析原理为：

1）设备达到某个特定的工作状态或满足某个条件。

2）系统会检查另一个相关的状态或条件是否在预定的时间内达成。

3）如果在规定时间内，相关的状态或条件没有达成，则系统会发出告警消息，提示操作人员或维护人员注意设备可能出现的问题。

（2）后向判定。是指当抽水蓄能电站的某个设备达到特定的工作状态或满足某个条件时，系统会检查另一个工作状态或条件是否已经满足。

后向判定的目的是确保在设备达到某一状态之前，所有必要的前提条件都已经得到满足，从而避免因条件不满足而导致的设备运行异常。分析原理为：

1）设备达到某个特定的工作状态或满足某个条件。

2）系统会立即检查另一个相关的状态或条件是否已经满足。

3）如果相关的状态或条件尚未满足，则系统同样会发出告警消息，提示可能存在的问题。

这两种判定方法都是为了保证抽水蓄能电站设备运行的安全性和可靠性，通过时序数据分析并发判断并基于系统监控和告警机制，及时发现并处理可能出现的问题。前向判定侧重于预测和预防未来可能出现的问题，而后向判定则侧重于确认当前状态的合法性和完整性。

针对抽水蓄能电站范围内各待判定的设备，为每个设备配置相应的判断策略，即判定规则、判定规则需使用的与状态一致性判定相关的输入参数和输出参数。策略配置完成后，所有被配置的规则按照统一的时序分析过程（见图3-4）处理。

首先基于预设周期，获取数据订阅单元采集的各个测点对应的各个实时状态数据。各个测点预先注册在各个电力设备中（设备所拥有的测点，可基于台账模型中的设备与测点的关联通过选取的方式设定），各个测点用于采集电力设备对应的实时状态数据。

订阅到的实时数据形成时序数据队列，被分发到设备状态一致性检查规则的执行分区中。在将实时状态数据输入对应的分区执行模块时，如果检测到分区

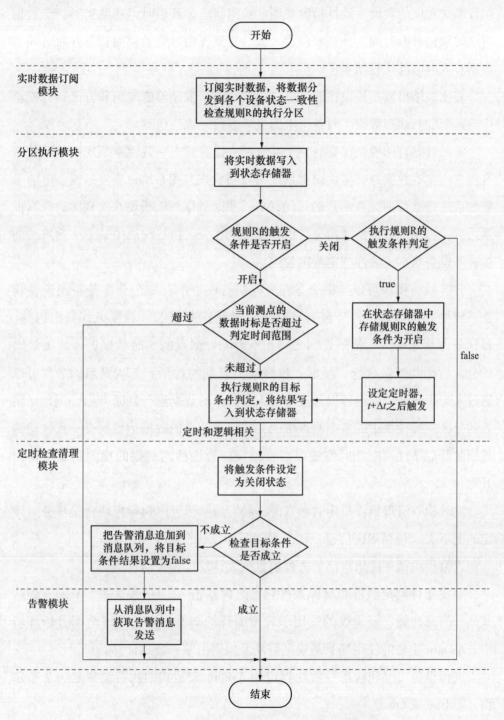

图 3-4 设备工况或状态一致性判断告警流程

执行模块对应的预设一致性检测规则的检测状态为开启时，获取实时状态数据对应的数据获取时间，并获取预设一致性检测规则对应的检测状态开启时间和数据获取时间的比较结果。

若比较结果满足预设检测条件，根据预设一致性检测规则和分区执行模块中的各个实时状态数据，对各个电力设备进行一致性检测。

实时数据订阅模块保存有整个系统所有设备状态一致性判断规则相关的所有测点。实时数据订阅模块向源系统（设备状态监测系统、集控系统、电能量管理系统等）注册这些测点的订阅任务。实时数据订阅模块在收到实时数据推送之后，将相关数据推送给分区执行模块。在分区执行模块中某一个测点可能被多条设备状态一致性判定规则使用。

分区执行模块可以是多个。在分区执行模块中，一个分区是一条设备状态一致性判定规则。各分区有自己独立的状态存储器、触发条件判定组件、目标条件判定组件。各条规则之间互不影响。测点的实时数据进入相关规则的分区后驱动逻辑执行。预设一致性检测规则的检测状态为开启的条件可以通过人工手动开启，也可以通过对输入的测点的数据进行判断开启，例如，输入到分区执行模块中的各个测点中的某些目标测点的数据达到预设一致性检测规则的开启条件，则此时终端可以将预设一致性检测规则的检测状态变换为开启。

定时检查清理模块是定时触发的，触发后基于分区执行模块提交任务时设定的上下文（包括规则信息、状态存储器等）执行一系列的动作。

告警模块循环遍历自己的告警消息列表，发送告警消息。

触发条件判定组件和目标条件判定组件基于 Aviator 表达式。Aviator 表达式是一门高性能、轻量级的适用于轻度编程的脚本语言。时序数据分析环境中，Aviator 主要的使用场景是规则判断及规则引擎、公式计算。

进行设备工况和状态一致性判定的 Aviator 表达式的执行结果是一个布尔型，即 true 或 false。

例如，有一个开关量测点 D_1，其测点 id 是 "d_1111"，存在一个机组工况测点 D_2，其测点是 "d_2111"，且预设一致性检测规则对应的触发条件是开关

量测点 D_1 等于 1 且机组工况测点 D_2 等于 5，则表达式可以写成：

states ["*hs_data*"] ['*d_1111*'] ["*value*"] == *1 AND states* ["*hs_data*"] ['*d_2111*'] ["*value*"] ==*5*

其中 states 是状态存储器，用 JSON 语法表示进入分区执行模块的实时状态数据的结构如下：

```
{
    "hs_data": {
      "d_1111": {
          "value": 1,
          "timestamp": "2024 - 02 - 01 00: 00: 00. 000"
        },
      "d_2111": {
          "value": 5,
          "timestamp": "2024 - 02 - 01 00: 00: 01. 000"
        }
      },
      "current_meas_point": "d_2111"
      "trigger_state": true,
      "trigger_state_time": "2024 - 02 - 01 00: 00: 01. 000"
      "target_condition": false
};
```

上述数据中，hs_data 存储的是进入当前设备状态预设一致性检测规则的执行分区的各测点的最新时序数据（实时状态数据）。current_meas_point 表示当前驱动预设一致性检测规则 R 执行的数据所属测点的 id。trigger_state 是触发条件的状态，true 表示已经开启，false 或者没有设置都表示是关闭状态。trigger_state_time 是触发条件的状态时间，即 trigger_state 从 false 变为 true，或者从 true 变为 false 的时间。

target_condition 表示目标条件状态，true 表示目标条件成立，false 或者没有设置都表示是关闭状态。target_condition 用于表示上述分区执行模块中的各个测点的实时状态数据是否满足预设一致性检测规则。

就某一条规则 R 而言，时序数据分析的主要过程如下：

（1）将收到的某个测点 M 的最新实时数据写入到状态存储器。记录当前

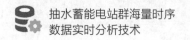
处理的测点 M 的 id。

（2）从状态存储器中获取规则 R 的触发条件是否已经开启。如果开启了，将继续往下执行，否则将执行本步骤的分支逻辑链。

（3）触发条件处于开启状态时，从状态存储器中取得当前测点 M 的 id，设为 id_m。则 id_m = states ["current_meas_point"]，进而获得状态存储器中测点 M 的数据时标 t_0（即 states ["hs_data"] [id_m] ["timestamp"]）。取得触发条件的开启时间 t（即 states ["trigger_state_time"]），用户设定在 t_s 时间范围内设备要达成一致状态，则当 $t_0 - t > t_s$ 时，认为超过判定时间范围。当时标超出判定时间范围时，直接结束。如果未超过判定时间范围，则继续执行基于预设一致性检测规则判断各个测点是否满足要求的步骤。

（4）执行规则 R 的目标条件判定，将结果写入到状态存储器中。

步骤（2）的分支逻辑链分支如下：

1）执行规则 R 的触发条件判定。如果执行结果为 false，则跳转到分支结束。如果为 true，则继续往下执行。

2）在状态存储器中将规则 R 的触发条件状态设置为开启。

3）设定一个关于规则 R 的定时器，在 $t + \Delta t$ 之后触发。其中 t 是指用户设定的在触发条件成立之后，目标条件应该成立的特定时长，即在该时长内条件成立则设备状态一致。Δt 是指源系统的数据采集延时，通常设定为 1s 即可。

4）执行规则 R 的目标条件判定，将结果写入到状态存储器中。

步骤（3）定时器触发的定时任务执行逻辑如下：

1）将规则 R 的触发条件设定为关闭状态。

2）从状态存储器中获取规则 R 的目标条件判定结果。如果成立，则直接结束流程即可。如果不成立，说明设备状态不一致，发出告警消息。

3）将告警消息追加到告警模块的消息队列中。再将 target_condition 设置为 false。

分析过程的完整数据流如图 3 - 5 所示。根据预设一致性检测规则和分区执行模块中的各个实时状态数据，对各个电力设备进行一致性检测之后，若各个电力设备未通过一致性检测，根据各个电力设备对应的实时状态数据生成告警信息；将告警信息输入消息队列，基于消息队列输出告警信息。

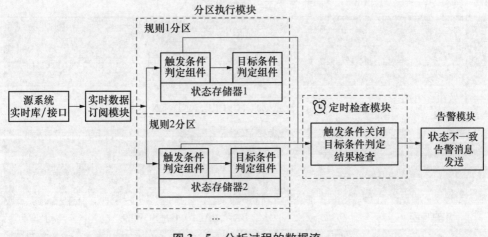

图 3 - 5　分析过程的数据流

3.3.3　实例解析

时序数据分析环境中设定的策略模板命名为"设备工况或状态一致性判断告警"，分别建立"前向"判定规则和"后向"判定规则。

（1）前向状态一致性判定。

输入参数为：

1）待监视开关量（0 到 1 或 1 到 0，设置选择项），多个（n）；

2）监视启动变量（工况或设备状态信息）及对应值（0 或 1、0 到 1 或 1 到 0，设置选择项），多个（n）；

3）监视结束变量（工况或设备状态信息）及对应值（0 或 1、0 到 1 或 1 到 0，设置选择项）。

输出参数为：

1）开关量与工况或设备状态不匹配告警及不匹配类型（无值或偏差），多个（n）；

2）开关量达到设定状态所需的时间统计结果。

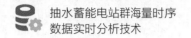

表 3-3 是某抽水蓄能电站 "1 号机组开始发电工况时 1 号机组换相刀
1BAC60GS200（G）隔离开关位置状态不匹配判断" 输入数据（配置）。

表 3-3 　　　　　　　　前向状态一致性判定输入

触发条件			
触发条件	状态	测点标识	状态（区间）配置
1 号机组正在转换至发电态	开始	PGC. SZX. GTU1G. CCR. XND. XN_UNIT_STA	5
监测信号			
标签	测点标识		状态（区间）配置
状态匹配	PGC. SZX. GTU1G. BAA. BAC10. G1_SOE028		动作
策略配置			
延迟告警时间	消息告警格式		
20s	${time}时开始触发条件成立，在指定延时告警时间：${limit}内未到达设备匹配状态，发出 ${type}告警		

表 3-4 是在运期间用于分析判定的一段时序数据。

表 3-4 　　　　　　　　前向状态一致性判定时序数据

序号	时间	源系统 id	名称	状态	来源
1	2024-01-04 11：54：54.589	PGC. SZX. GTU1G. CCR. XND. XN_UNIT_STA	U1 机组状态	0（正在停机）	触发器
2	2024-01-04 11：56：04.586	PGC. SZX. GTU1G. BAA. BAC10. G1_SOE028	1 号机组换相刀（1BAC60 GS200）合位/发电模式	0（复归）	监测信号
3	2024-01-04 12：04：08.621	PGC. SZX. GTU1G. CCR. XND. XN_UNIT_STA	U1 机组状态	2（停机不可用）	触发器
4	2024-01-04 12：05：04.628	PGC. SZX. GTU1G. CCR. XND. XN_UNIT_STA	U1 机组状态	1（停机可用）	触发器

续表

序号	时间	源系统 id	名称	状态	来源
5	2024-01-04 15：12：15.416	PGC. SZX. GTU1G. CCR. XND. XN_UNIT_STA	U1 机组状态	5（正转至 G 工况）	触发器
6	2024-01-04 15：12：34.886	PGC. SZX. GTU1G. BAA. BAC10. G1_SOE028	1 号机组换相刀（1BAC60 GS200）合位/发电模式	1（动作）	监测信号
7	2024-01-04 15：15：07.429	PGC. SZX. GTU1G. CCR. XND. XN_UNIT_STA	U1 机组状态	6（达到 G 工况）	触发器
8	2024-01-04 21：12：51.463	PGC. SZX. GTU1G. CCR. XND. XN_UNIT_STA	U1 机组状态	0（正在停机）	触发器
9	2024-01-04 21：14：05.243	PGC. SZX. GTU1G. BAA. BAC10. G1_SOE028	1 号机组换相刀（1BAC60 GS200）合位/发电模式	0（复归）	监测信号
10	2024-01-04 21：22：08.506	PGC. SZX. GTU1G. CCR. XND. XN_UNIT_STA	U1 机组状态	2（停机不可用）	触发器
11	2024-01-04 21：23：04.510	PGC. SZX. GTU1G. CCR. XND. XN_UNIT_STA	U1 机组状态	1（停机可用）	触发器
12	2024-01-05 01：21：41.468	PGC. SZX. GTU1G. CCR. XND. XN_UNIT_STA	U1 机组状态	9（正转至 PC 工况）	触发器
13	2024-01-05 01：27：15.497	PGC. SZX. GTU1G. CCR. XND. XN_UNIT_STA	U1 机组状态	10（达到 PC 工况）	触发器
14	2024-01-05 01：28：20.501	PGC. SZX. GTU1G. CCR. XND. XN_UNIT_STA	U1 机组状态	11（正转至 P 工况）	触发器
15	2024-01-05 01：30：05.506	PGC. SZX. GTU1G. CCR. XND. XN_UNIT_STA	U1 机组状态	12（达到 P 工况）	触发器
16	2024-01-05 07：39：46.259	PGC. SZX. GTU1G. CCR. XND. XN_UNIT_STA	U1 机组状态	0（正在停机）	触发器
17	2024-01-05 07：47：33.284	PGC. SZX. GTU1G. CCR. XND. XN_UNIT_STA	U1 机组状态	2（停机不可用）	触发器

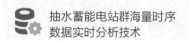
续表

序号	时间	源系统 id	名称	状态	来源
18	2024−01−05 07：48：30.292	PGC. SZX. GTU1G. CCR. XND. XN_UNIT_STA	U1 机组状态	1（停机可用）	触发器
19	2024−01−05 08：29：58.451	PGC. SZX. GTU1G. CCR. XND. XN_UNIT_STA	U1 机组状态	5（正转至 G 工况）	触发器
20	2024−01−05 08：30：17.536	PGC. SZX. GTU1G. BAA. BAC10. G1_SOE028	1 号机组换相刀（1BAC60 GS200）合位/发电模式	1（动作）	监测信号
21	2024−01−05 08：32：53.470	PGC. SZX. GTU1G. CCR. XND. XN_UNIT_STA	U1 机组状态	6（达到 G 工况）	触发器
22	2024−01−05 11：25：29.251	PGC. SZX. GTU1G. CCR. XND. XN_UNIT_STA	U1 机组状态	0（正在停机）	触发器
23	2024−01−05 11：26：44.405	PGC. SZX. GTU1G. BAA. BAC10. G1_SOE028	1 号机组换相刀（1BAC60 GS200）合位/发电模式	0（复归）	监测信号
24	2024−01−05 11：34：48.286	PGC. SZX. GTU1G. CCR. XND. XN_UNIT_STA	U1 机组状态	2（停机不可用）	触发器
25	2024−01−05 11：35：43.290	PGC. SZX. GTU1G. CCR. XND. XN_UNIT_STA	U1 机组状态	1（停机可用）	触发器
26	2024−01−05 15：28：27.459	PGC. SZX. GTU1G. CCR. XND. XN_UNIT_STA	U1 机组状态	5（正转至 G 工况）	触发器
27	2024−01−05 15：28：46.954	PGC. SZX. GTU1G. BAA. BAC10. G1_SOE028	1 号机组换相刀（1BAC60 GS200）合位/发电模式	1（动作）	监测信号
28	2024−01−05 15：31：04.467	PGC. SZX. GTU1G. CCR. XND. XN_UNIT_STA	U1 机组状态	6（达到 G 工况）	触发器
29	2024−01−05 21：12：09.991	PGC. SZX. GTU1G. CCR. XND. XN_UNIT_STA	U1 机组状态	0（正在停机）	触发器
30	2024−01−05 21：13：23.326	PGC. SZX. GTU1G. BAA. BAC10. G1_SOE028	1 号机组换相刀（1BAC60 GS200）合位/发电模式	0（复归）	监测信号

续表

序号	时间	源系统 id	名称	状态	来源
31	2024 - 01 - 05 21：21：26.050	PGC. SZX. GTU1G. CCR. XND. XN_UNIT_STA	U1 机组状态	2（停机不可用）	触发器
32	2024 - 01 - 05 21：22：22.054	PGC. SZX. GTU1G. CCR. XND. XN_UNIT_STA	U1 机组状态	1（停机可用）	触发器
33	2024 - 01 - 06 01：21：49.104	PGC. SZX. GTU1G. CCR. XND. XN_UNIT_STA	U1 机组状态	9（正转至 PC 工况）	触发器
34	2024 - 01 - 06 01：27：37.134	PGC. SZX. GTU1G. CCR. XND. XN_UNIT_STA	U1 机组状态	10（达到 PC 工况）	触发器
35	2024 - 01 - 06 01：28：39.137	PGC. SZX. GTU1G. CCR. XND. XN_UNIT_STA	U1 机组状态	11（正转至 P 工况）	触发器
36	2024 - 01 - 06 01：30：23.143	PGC. SZX. GTU1G. CCR. XND. XN_UNIT_STA	U1 机组状态	12（达到 P 工况）	触发器
37	2024 - 01 - 06 07：24：48.217	PGC. SZX. GTU1G. CCR. XND. XN_UNIT_STA	U1 机组状态	0（正在停机）	触发器
38	2024 - 01 - 06 07：32：31.244	PGC. SZX. GTU1G. CCR. XND. XN_UNIT_STA	U1 机组状态	2（停机不可用）	触发器
39	2024 - 01 - 06 07：33：28.249	PGC. SZX. GTU1G. CCR. XND. XN_UNIT_STA	U1 机组状态	1（停机可用）	触发器
40	2024 - 01 - 06 08：31：10.510	PGC. SZX. GTU1G. CCR. XND. XN_UNIT_STA	U1 机组状态	5（正转至 G 工况）	触发器
41	2024 - 01 - 06 08：31：29.236	PGC. SZX. GTU1G. BAA. BAC10. G1_SOE028	1 号机组换相刀（1BAC60 GS200）合位/发电模式	1（动作）	监测信号
42	2024 - 01 - 06 08：33：45.519	PGC. SZX. GTU1G. CCR. XND. XN_UNIT_STA	U1 机组状态	6（达到 G 工况）	触发器
43	2024 - 01 - 06 11：28：08.314	PGC. SZX. GTU1G. CCR. XND. XN_UNIT_STA	U1 机组状态	0（正在停机）	触发器
44	2024 - 01 - 06 11：29：23.664	PGC. SZX. GTU1G. BAA. BAC10. G1_SOE028	1 号机组换相刀（1BAC60 GS200）合位/发电模式	0（复归）	监测信号

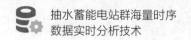

抽水蓄能电站群海量时序
数据实时分析技术

续表

序号	时间	源系统 id	名称	状态	来源
45	2024-01-06 11：37：27.351	PGC. SZX. GTU1G. CCR. XND. XN_UNIT_STA	U1 机组状态	2（停机不可用）	触发器
46	2024-01-06 11：38：23.355	PGC. SZX. GTU1G. CCR. XND. XN_UNIT_STA	U1 机组状态	1（停机可用）	触发器
47	2024-01-06 12：58：47.715	PGC. SZX. GTU1G. CCR. XND. XN_UNIT_STA	U1 机组状态	2（停机不可用）	触发器
48	2024-01-06 12：58：49.712	PGC. SZX. GTU1G. CCR. XND. XN_UNIT_STA	U1 机组状态	1（停机可用）	触发器
49	2024-01-06 13：06：19.738	PGC. SZX. GTU1G. CCR. XND. XN_UNIT_STA	U1 机组状态	2（停机不可用）	触发器
50	2024-01-06 13：06：20.737	PGC. SZX. GTU1G. CCR. XND. XN_UNIT_STA	U1 机组状态	1（停机可用）	触发器
51	2024-01-06 13：11：47.770	PGC. SZX. GTU1G. CCR. XND. XN_UNIT_STA	U1 机组状态	2（停机不可用）	触发器
52	2024-01-06 13：11：48.770	PGC. SZX. GTU1G. CCR. XND. XN_UNIT_STA	U1 机组状态	1（停机可用）	触发器
53	2024-01-06 15：28：55.375	PGC. SZX. GTU1G. CCR. XND. XN_UNIT_STA	U1 机组状态	5（正转至 G 工况）	触发器
54	2024-01-06 15：29：14.840	PGC. SZX. GTU1G. BAA. BAC10. G1_SOE028	1 号机组换相刀（1BAC60 GS200）合位/发电模式	1（动作）	监测信号
55	2024-01-06 15：31：44.384	PGC. SZX. GTU1G. CCR. XND. XN_UNIT_STA	U1 机组状态	6（达到 G 工况）	触发器
56	2024-01-06 21：11：02.839	PGC. SZX. GTU1G. CCR. XND. XN_UNIT_STA	U1 机组状态	0（正在停机）	触发器
57	2024-01-06 21：12：14.959	PGC. SZX. GTU1G. BAA. BAC10. G1_SOE028	1 号机组换相刀（1BAC60 GS200）合位/发电模式	0（复归）	监测信号

续表

序号	时间	源系统 id	名称	状态	来源
58	2024 – 01 – 06 21：20：18.889	PGC. SZX. GTU1G. CCR. XND. XN_UNIT_STA	U1 机组状态	2（停机不可用）	触发器
59	2024 – 01 – 06 21：21：14.892	PGC. SZX. GTU1G. CCR. XND. XN_UNIT_STA	U1 机组状态	1（停机可用）	触发器
60	2024 – 01 – 07 01：21：50.976	PGC. SZX. GTU1G. CCR. XND. XN_UNIT_STA	U1 机组状态	9（正转至 PC 工况）	触发器
61	2024 – 01 – 07 01：27：26.991	PGC. SZX. GTU1G. CCR. XND. XN_UNIT_STA	U1 机组状态	10（达到 PC 工况）	触发器
62	2024 – 01 – 07 01：28：37.995	PGC. SZX. GTU1G. CCR. XND. XN_UNIT_STA	U1 机组状态	11（正转至 P 工况）	触发器
63	2024 – 01 – 07 01：30：21.003	PGC. SZX. GTU1G. CCR. XND. XN_UNIT_STA	U1 机组状态	12（达到 P 工况）	触发器
64	2024 – 01 – 07 08：09：52.673	PGC. SZX. GTU1G. CCR. XND. XN_UNIT_STA	U1 机组状态	0（正在停机）	触发器
65	2024 – 01 – 07 08：17：32.692	PGC. SZX. GTU1G. CCR. XND. XN_UNIT_STA	U1 机组状态	2（停机不可用）	触发器
66	2024 – 01 – 07 08：18：29.701	PGC. SZX. GTU1G. CCR. XND. XN_UNIT_STA	U1 机组状态	1（停机可用）	触发器
67	2024 – 01 – 07 08：49：27.847	PGC. SZX. GTU1G. CCR. XND. XN_UNIT_STA	U1 机组状态	5（正转至 G 工况）	触发器
68	2024 – 01 – 07 08：49：47.848	PGC. SZX. GTU1G. BAA. BAC10. G1_SOE028	1 号机组换相刀（1BAC60 GS200）合位/发电模式	1（动作）	监测信号
69	2024 – 01 – 07 08：52：08.850	PGC. SZX. GTU1G. CCR. XND. XN_UNIT_STA	U1 机组状态	6（达到 G 工况）	触发器
70	2024 – 01 – 07 11：34：12.557	PGC. SZX. GTU1G. CCR. XND. XN_UNIT_STA	U1 机组状态	0（正在停机）	触发器
71	2024 – 01 – 07 11：35：22.982	PGC. SZX. GTU1G. BAA. BAC10. G1_SOE028	1 号机组换相刀（1BAC60 GS200）合位/发电模式	0（复归）	监测信号

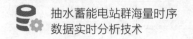
续表

序号	时间	源系统 id	名称	状态	来源
72	2024 - 01 - 07 11：43：26.594	PGC. SZX. GTU1G. CCR. XND. XN_UNIT_STA	U1 机组状态	2（停机不可用）	触发器
73	2024 - 01 - 07 11：44：22.602	PGC. SZX. GTU1G. CCR. XND. XN_UNIT_STA	U1 机组状态	1（停机可用）	触发器
74	2024 - 01 - 07 15：13：21.482	PGC. SZX. GTU1G. CCR. XND. XN_UNIT_STA	U1 机组状态	5（正转至 G 工况）	触发器
75	2024 - 01 - 07 15：13：41.184	PGC. SZX. GTU1G. BAA. BAC10. G1_SOE028	1 号机组换相刀（1BAC60 GS200）合位/发电模式	1（动作）	监测信号
76	2024 - 01 - 07 15：15：59.495	PGC. SZX. GTU1G. CCR. XND. XN_UNIT_STA	U1 机组状态	6（达到 G 工况）	触发器
77	2024 - 01 - 07 21：11：25.021	PGC. SZX. GTU1G. CCR. XND. XN_UNIT_STA	U1 机组状态	0（正在停机）	触发器
78	2024 - 01 - 07 21：12：36.911	PGC. SZX. GTU1G. BAA. BAC10. G1_SOE028	1 号机组换相刀（1BAC60 GS200）合位/发电模式	0（复归）	监测信号
79	2024 - 01 - 07 21：20：41.052	PGC. SZX. GTU1G. CCR. XND. XN_UNIT_STA	U1 机组状态	2（停机不可用）	触发器
80	2024 - 01 - 07 21：21：37.061	PGC. SZX. GTU1G. CCR. XND. XN_UNIT_STA	U1 机组状态	1（停机可用）	触发器

依据设定的规则，对时序数据序列进行实时分析。

在时序数据实时分析到表 3 - 4 序号 67、68 条数据时，产生了告警。

设备状态发生改变（触发成立）的时间为 t_{14}（2024 - 01 - 07 08：49：27.847，表 3 - 4 中数据时间 t 的序号从后向前计），设备待监测开关量状态值转为"1（动作）"的时间为 t_{13}（2024 - 01 - 07 08：49：47.848）。

计算设备待监测开关量改变状态的持续时间，即 $t_{13} - t_{14}$，得到持续时间 20.001s，大于延迟告警时间（20s）。

依据该分析结果，设备向前一致性存在问题，生成告警。

告警消息如下：

> *AAX,*
>
> *Event,*
>
> *5,*
>
> *"1号机组开始发电工况时1号机组换相隔离开关1BAC60GS200（G）位置状态不匹配判断,*
>
> *关联设备为：1号机组换相隔离开关,*
>
> *2024 - 01 - 07 08：49：47.848时开始触发条件成立，在指定延时告警时间：20s内未到达设备匹配状态，发出状态不匹配告警。"*

对编号为74、75的两条数据，触发分析后未产生告警。

设备状态发生改变，即开始触发测点"PGC. SZX. GTU1G. CCR. XND. XN_UNIT_STA"成立（状态值等于5）时，记录开始时间 t_7（2024 - 01 - 07 15：13：21.482），并对设备待监测开关量（监测信号测点"PGC. SZX. GTU1G. BAA. BAC10. G1_SOE028"）进行监测。

监测到设备待监测开关，即监测信号测点"PGC. SZX. GTU1G. BAA. BAC10. G1_SOE028"的状态值转为"1（动作）"时，记录结束时间为 t_6（2024 - 01 - 07 15：13：41.184）。

计算设备待监测开关量（监测信号测点"PGC. SZX. GTU1G. BAA. BAC10. G1_SOE028"）改变状态的持续时间，即 $t_6 - t_7$，得到持续时间19.298s，小于延迟告警时间（20s）。

依据该分析结果，设备前向一致性正常，不产生告警。

图3-6是设备工况或状态前向一致性运行监视（统计）界面。

（2）后向状态一致性判定。

输入参数为：

1）待监视开关量（0到1或1到0，设置选择项），多个（n）；

2）监视启动变量（工况或设备状态信息）及对应值（0或1、0到1或1到0，设置选择项），多个（n）；

3）监视结束变量（工况或设备状态信息）及对应值（0或1、0到1或1到0，设置选择项）。

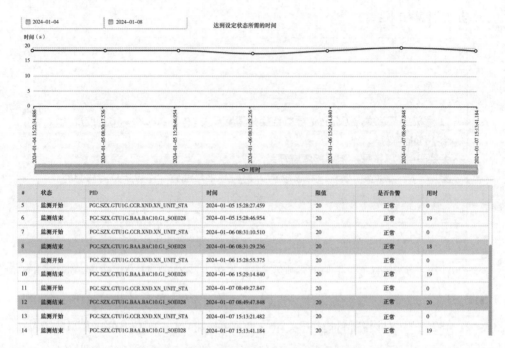

图 3-6　设备状态前向一致性运行监视界面

输出参数为：开关量与工况或设备状态不匹配告警及不匹配类型（无值或偏差）。

表 3-5 是某抽水蓄能电站"1 号机组开始发电工况时 1 号机组换相刀 1BAC60GS200（G）隔离开关位置状态不匹配判断"后向状态一致性判定输入数据（配置）。

表 3-5　　　　　　　后向状态一致性判定输入

监测信号		
标签	测点标识	状态（区间）配置
配置状态	PGC. SZX. GTU1G. CCR. XND. XN_UNIT_STA	6
待监测信号	PGC. SZX. GTU1G. BAA. BAC10. G1_SOE028	动作
策略配置		
消息告警格式		

监测信号达到指定工况状态时，待监测信号未达到指定工况状态，发出与当前工况或设备状态要求不匹配告警

表3-6是在运期间用于后向一致性分析判定的一段时序数据。

表3-6　　后向状态一致性判定时序数据

序号	时间	源系统 id	名称	状态	来源
1	2024-03-05 01:22:16.346	PGC.SZX.GTU1G.CCR.XND.XN_UNIT_STA	U1 机组状态	9（正转至 PC 工况）	监测信号
2	2024-03-05 01:27:59.365	PGC.SZX.GTU1G.CCR.XND.XN_UNIT_STA	U1 机组状态	10（达到 PC 工况）	监测信号
3	2024-03-05 01:28:39.369	PGC.SZX.GTU1G.CCR.XND.XN_UNIT_STA	U1 机组状态	11（正转至 P 工况）	监测信号
4	2024-03-05 01:30:24.378	PGC.SZX.GTU1G.CCR.XND.XN_UNIT_STA	U1 机组状态	12（达到 P 工况）	监测信号
5	2024-03-05 07:50:00.134	PGC.SZX.GTU1G.CCR.XND.XN_UNIT_STA	U1 机组状态	0（正在停机）	监测信号
6	2024-03-05 07:57:44.164	PGC.SZX.GTU1G.CCR.XND.XN_UNIT_STA	U1 机组状态	2（停机不可用）	监测信号
7	2024-03-05 07:58:40.167	PGC.SZX.GTU1G.CCR.XND.XN_UNIT_STA	U1 机组状态	1（停机可用）	监测信号
8	2024-03-05 08:59:38.450	PGC.SZX.GTU1G.CCR.XND.XN_UNIT_STA	U1 机组状态	5（正转至 G 工况）	监测信号
9	2024-03-05 08:59:57.620	PGC.SZX.GTU1G.BAA.BAC10.G1_SOE028	1 号机组换相刀（1BAC60 GS200）合位/发电模式	1（动作）	监测信号
10	2024-03-05 09:02:21.464	PGC.SZX.GTU1G.CCR.XND.XN_UNIT_STA	U1 机组状态	6（达到 G 工况）	监测信号
11	2024-03-05 11:26:19.178	PGC.SZX.GTU1G.CCR.XND.XN_UNIT_STA	U1 机组状态	0（正在停机）	监测信号
12	2024-03-05 11:27:30.901	PGC.SZX.GTU1G.BAA.BAC10.G1_SOE028	1 号机组换相刀（1BAC60 GS200）合位/发电模式	0（复归）	监测信号

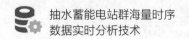

续表

序号	时间	源系统 id	名称	状态	来源
13	2024 - 03 - 05 11：35：33.216	PGC. SZX. GTU1G. CCR. XND. XN_UNIT_STA	U1 机组状态	2（停机不可用）	监测信号
14	2024 - 03 - 05 11：36：29.227	PGC. SZX. GTU1G. CCR. XND. XN_UNIT_STA	U1 机组状态	1（停机可用）	监测信号
15	2024 - 03 - 05 12：00：29.336	PGC. SZX. GTU1G. CCR. XND. XN_UNIT_STA	U1 机组状态	9（正转至 PC 工况）	监测信号
16	2024 - 03 - 05 12：06：01.366	PGC. SZX. GTU1G. CCR. XND. XN_UNIT_STA	U1 机组状态	10（达到 PC 工况）	监测信号
17	2024 - 03 - 05 12：58：29.606	PGC. SZX. GTU1G. CCR. XND. XN_UNIT_STA	U1 机组状态	0（正在停机）	监测信号
18	2024 - 03 - 05 13：07：50.637	PGC. SZX. GTU1G. CCR. XND. XN_UNIT_STA	U1 机组状态	2（停机不可用）	监测信号
19	2024 - 03 - 05 13：08：46.645	PGC. SZX. GTU1G. CCR. XND. XN_UNIT_STA	U1 机组状态	1（停机可用）	监测信号
20	2024 - 03 - 05 13：25：30.731	PGC. SZX. GTU1G. CCR. XND. XN_UNIT_STA	U1 机组状态	2（停机不可用）	监测信号
21	2024 - 03 - 05 13：25：34.730	PGC. SZX. GTU1G. CCR. XND. XN_UNIT_STA	U1 机组状态	1（停机可用）	监测信号
22	2024 - 03 - 05 13：26：00.733	PGC. SZX. GTU1G. CCR. XND. XN_UNIT_STA	U1 机组状态	2（停机不可用）	监测信号
23	2024 - 03 - 05 13：26：18.730	PGC. SZX. GTU1G. CCR. XND. XN_UNIT_STA	U1 机组状态	1（停机可用）	监测信号
24	2024 - 03 - 05 13：26：36.736	PGC. SZX. GTU1G. CCR. XND. XN_UNIT_STA	U1 机组状态	2（停机不可用）	监测信号
25	2024 - 03 - 05 13：26：47.738	PGC. SZX. GTU1G. CCR. XND. XN_UNIT_STA	U1 机组状态	1（停机可用）	监测信号
26	2024 - 03 - 05 13：34：56.778	PGC. SZX. GTU1G. CCR. XND. XN_UNIT_STA	U1 机组状态	2（停机不可用）	监测信号

续表

序号	时间	源系统 id	名称	状态	来源
27	2024 - 03 - 05 13：34：57.778	PGC. SZX. GTU1G. CCR. XND. XN_UNIT_STA	U1 机组状态	1（停机可用）	监测信号
28	2024 - 03 - 05 13：35：25.782	PGC. SZX. GTU1G. CCR. XND. XN_UNIT_STA	U1 机组状态	2（停机不可用）	监测信号
29	2024 - 03 - 05 13：35：30.790	PGC. SZX. GTU1G. CCR. XND. XN_UNIT_STA	U1 机组状态	1（停机可用）	监测信号
30	2024 - 03 - 05 13：35：58.785	PGC. SZX. GTU1G. CCR. XND. XN_UNIT_STA	U1 机组状态	2（停机不可用）	监测信号
31	2024 - 03 - 05 13：36：12.787	PGC. SZX. GTU1G. CCR. XND. XN_UNIT_STA	U1 机组状态	1（停机可用）	监测信号
32	2024 - 03 - 05 17：56：52.926	PGC. SZX. GTU1G. CCR. XND. XN_UNIT_STA	U1 机组状态	5（正转至 G 工况）	监测信号
33	2024 - 03 - 05 17：57：12.061	PGC. SZX. GTU1G. BAA. BAC10. G1_SOE028	1 号机组换相刀（1BAC60 GS200）合位/发电模式	1（动作）	监测信号
34	2024 - 03 - 05 18：00：03.941	PGC. SZX. GTU1G. CCR. XND. XN_UNIT_STA	U1 机组状态	6（达到 G 工况）	监测信号
35	2024 - 03 - 05 22：09：52.101	PGC. SZX. GTU1G. CCR. XND. XN_UNIT_STA	U1 机组状态	0（正在停机）	监测信号
36	2024 - 03 - 05 22：11：04.362	PGC. SZX. GTU1G. BAA. BAC10. G1_SOE028	1 号机组换相刀（1BAC60 GS200）合位/发电模式	0（复归）	监测信号
37	2024 - 03 - 05 22：19：05.136	PGC. SZX. GTU1G. CCR. XND. XN_UNIT_STA	U1 机组状态	2（停机不可用）	监测信号
38	2024 - 03 - 05 22：20：01.138	PGC. SZX. GTU1G. CCR. XND. XN_UNIT_STA	U1 机组状态	1（停机可用）	监测信号
39	2024 - 03 - 06 01：21：20.977	PGC. SZX. GTU1G. CCR. XND. XN_UNIT_STA	U1 机组状态	9（正转至 PC 工况）	监测信号

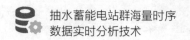

续表

序号	时间	源系统 id	名称	状态	来源
40	2024－03－06 01：27：27.001	PGC. SZX. GTU1G. CCR. XND. XN_UNIT_STA	U1 机组状态	10（达到 PC 工况）	监测 信号
41	2024－03－06 01：28：26.999	PGC. SZX. GTU1G. CCR. XND. XN_UNIT_STA	U1 机组状态	11（正转 至 P 工况）	监测 信号
42	2024－03－06 01：30：17.002	PGC. SZX. GTU1G. CCR. XND. XN_UNIT_STA	U1 机组状态	12（达到 P 工况）	监测 信号
43	2024－03－06 07：30：33.621	PGC. SZX. GTU1G. CCR. XND. XN_UNIT_STA	U1 机组状态	0（正在 停机）	监测 信号
44	2024－03－06 07：38：18.651	PGC. SZX. GTU1G. CCR. XND. XN_UNIT_STA	U1 机组状态	2（停机 不可用）	监测 信号
45	2024－03－06 07：39：14.659	PGC. SZX. GTU1G. CCR. XND. XN_UNIT_STA	U1 机组状态	1（停机 可用）	监测 信号
46	2024－03－06 17：35：15.810	PGC. SZX. GTU1G. CCR. XND. XN_UNIT_STA	U1 机组状态	6（达到 G 工况）	监测 信号
47	2024－03－06 22：15：20.030	PGC. SZX. GTU1G. CCR. XND. XN_UNIT_STA	U1 机组状态	0（正在 停机）	监测 信号
48	2024－03－06 22：16：31.666	PGC. SZX. GTU1G. BAA. BAC10. G1_SOE028	1 号机组换相刀 （1BAC60 GS200）合 位/发电模式	0（复归）	监测 信号
49	2024－03－06 22：24：34.074	PGC. SZX. GTU1G. CCR. XND. XN_UNIT_STA	U1 机组状态	2（停机 不可用）	监测 信号
50	2024－03－06 22：25：31.083	PGC. SZX. GTU1G. CCR. XND. XN_UNIT_STA	U1 机组状态	1（停机 可用）	监测 信号
51	2024－03－06 22：26：11.086	PGC. SZX. GTU1G. CCR. XND. XN_UNIT_STA	U1 机组状态	2（停机 不可用）	监测 信号
52	2024－03－06 22：26：12.081	PGC. SZX. GTU1G. CCR. XND. XN_UNIT_STA	U1 机组状态	1（停机 可用）	监测 信号

在时序数据实时分析到表 3 – 6 第 46 条时产生了后向状态不一致告警，涉及时序数据中的第 33 ~ 46 条数据的分析。

分析到第 33 条数据时，将待监测信号测点 "PGC. SZX. GTU1G. BAA. BAC10. G1_SOE028" 的状态值 "1 （动作）"，存储（更新）到信号存储器中。

分析到第 34 条数据，检测到配置状态测点 "PGC. SZX. GTU1G. CCR. XND. XN_UNIT_STA" 的状态值为 "6 （达到 G 工况）"，信号成立，则从存储器中，读取待监测信号测点 "PGC. SZX. GTU1G. BAA. BAC10. G1_SOE028" 的状态进行判定。此时存储器中，待监测信号测点 "PGC. SZX. GTU1G. BAA. BAC10. G1_SOE028" 的状态为 "1 （动作）"，符合预期，不产生告警，继续向下分析。

分析到第 36 条数据时，将待监测信号测点 "PGC. SZX. GTU1G. BAA. BAC10. G1_SOE028" 的状态值 "0 （复归）"，存储（更新）到信号存储器中。

分析到第 46 条数据，检测到配置状态测点 "PGC. SZX. GTU1G. CCR. XND. XN_UNIT_STA" 的状态值为 "6 （达到 G 工况）"，信号成立，则从存储器中，读取待监测信号测点 "PGC. SZX. GTU1G. BAA. BAC10. G1_SOE028" 的状态进行判定。此时存储器中，待监测信号测点 "PGC. SZX. GTU1G. BAA. BAC10. G1_SOE028" 的状态为 "0 （复归）"，不符合预期，产生告警。

告警消息如下：

```
AAX,
Event,
5,
"1 号机组开始发电工况时 1 号机组换相刀 1BAC60GS200 （G）隔离开关位置
状态不匹配判断，
关联设备为：1 号机组换相刀隔离开关，
2024 - 03 - 06 17：35：15．810 时监测信号达到指定工况状态时，待监测
信号未达到指定工况状态，发出与当前工况或设备状态要求不匹配告警。"
```

图 3 –7 所示为设备工况或状态后向一致性运行监视（统计）界面。

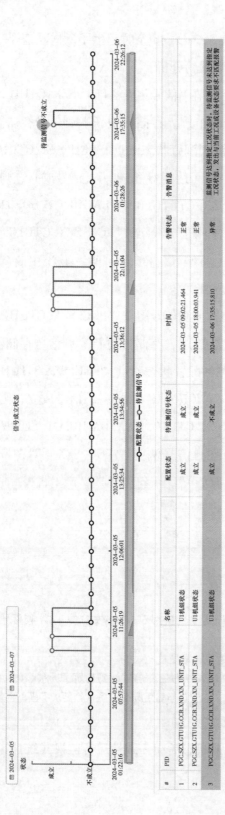

图 3-7 设备工况或状态后向一致性运行监视界面

3.3.4 小结

在时序数据分析环境中通过配置具体针对设备一致性的判定规则，实现基于时序数据对设备状态一致性的实时判断。

一致性判定分成触发条件和目标条件两部分。触发条件有开、关两种状态。触发条件开，才执行目标条件。软件实现中用 Aviator 表达式表达触发条件和目标条件的逻辑，以状态存储器作为共享存储区，使得条件逻辑变成一种外部配置，可以在外部编辑和应用。分析程序变成了解释执行配置，增删改规则配置均无需重启分析程序。

借助 Aviator 表达式，将逻辑变成外部配置以后，实现了对配置的解析及从中提取相关的测点 id，从而实现了实时数据订阅模块按需订阅，无须全量订阅，节约资源，提升效率。

开关量分析应用场景除本节列举说明的之外，还有很多。例如从历史开关量记录中分时段批量快速获取设备最后一次动作时间，当发现最后一次动作时间和当前时间差值超过阈值的设备时，将其筛选出来进行检查性操作，以达到预控设备运行风险。此分析能快速检出超过规定周期而长时间未操作、未维护、未轮换（"三未"）的设备，提高设备健康水平和可用水平。

基于时序数据的设备状态一致性实时分析判断条件逻辑可编辑、无须重启分析程序，按需订阅实时数据，在检测到一致性不满足时，及时输出告警信息，从而提高了对电力设备一致性检测的效率。

3.4
电站测点越限数据巡检

3.4.1 场景描述

集中的海量时序数据实时分析，能够将源自各业务系统的测点以统一的形

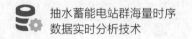
式进行分析（巡检），一方面作为业务系统测点越限的补足，另一方面多测点联合的告警处理，可以实现跨业务系统的全视角监测。

基于时序数据对源自多业务系统的测点越限告警监测涉及实时监测电站的多个运行参数，包括电压、电流、功率、温度、压力、流量、浓度等，以确保电站的安全和效率。集成来自不同业务系统的时序数据，通过实时监测这些数据点，可以及时发现并响应任何异常情况。全面的监测分析提高数据分析的智能化水平，可以自由组合多个智能分析算法，能够对机组等关键系统和设备的健康状态进行实时诊断，并生成详细的"机组体检报告"，从而提高故障排查的精准度和效率。

越限监测告警既可指定单一的模拟量，也可指定模拟量区间统计值，还可以将模拟量与同类模拟量的平均值的差值作为监测目标。

3.4.2 实现方法

抽水蓄能电站生产领域建模构建的资产模型已经对设备及其包含的模拟量进行了建模，分析的目标即为所建模的模拟量。

基于时序数据分析环境可以方便地创建针对模拟量的越限分析：

（1）选定模拟量的数据源，通过数据任务流式导入模拟量时序数据至分析环境。

（2）配置越限分析和告警的参数。包括选定待监视的模拟量、设定限值、区间等。被选定的量可以源自分析统计的结果，以此构成可以递推执行的模拟量分析。

（3）定时或手动触发分析执行。

（4）在符合告警的条件满足时，将告警信息写入 Kafka 目标主题。由 Kafka 推送至消息中心，订阅该主题的告警信息消费者即可得到相应的通知。

数据巡检中涉及的模拟量时序数据分析包括模拟量越限告警、单个模拟量与同类模拟量平均值比较判断告警、不同运行区间单个模拟量极值与平均值分析告警等。

模拟量越限告警是指当模拟量超过上下限值时提前发出告警。既可选择只设置超高限告警，也可选择只设置超低限告警，还可选择超区间限制告警。

单个模拟量与同类模拟量平均值比较判断告警是指同类模拟量平均值与每个模拟量相减的绝对值大于参考值则发出告警。主要针对定子铁芯、定子线圈、各导轴承瓦温等监测对象使用。

与同类模拟量的平均值比较可以是经验值，也可以是动态计算的结果。在采用动态计算的结果为比较值时，为支持单个模拟量与同类模拟量最大值、最小值、平均值比较判断，可先设定对运行区间单个模拟量最大值、最小值、平均值进行统计计算。计算从条件触发启动到条件触发结束时间段内，某模拟量的最大值、最小值、平均值、标准差、定积分值。计算的内容根据模拟量类型有所不同，对于温度量一般取最大值和平均值，对于流量一般取最小值和平均值；对于压力则根据需要取最大值、最小值和平均值。

3.4.3 实例解析

模拟量越限告警输入参数包括：

（1）待监视模拟量（可直接链接变量库选择变量，可同时选择多个同类型变量，下同），多个（n）；

（2）高限值及高限值返回值，多个（n）；

（3）低限值及低限值返回值，多个（n）；

（4）超限持续时间设定值。

输出参数为待监视模拟量超限告警。

表 3 - 7 是某抽水蓄能电站 "1 号机组 3 号水导瓦温 RTD03 - 1（双支 RTD）" 策略的输入配置。

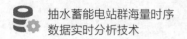
表 3 - 7   越限告警配置

触发条件					
触发条件名称	状态	逻辑	测点标识	状态（区间）设置	取反
1 号机组各工况稳态	开始	或	PGC. YJX. GTU1G. CCR. XND. XN_UNIT_STA	停机可用	否
			PGC. YJX. GTU1G. CCR. XND. XN_UNIT_STA	达到 G 工况	否
			PGC. YJX. GTU1G. CCR. XND. XN_UNIT_STA	达到 PC 工况	否
			PGC. YJX. GTU1G. CCR. XND. XN_UNIT_STA	达到 P 工况	否
1 号机组各工况稳态	结束	且	PGC. YJX. GTU1G. CCR. XND. XN_UNIT_STA	停机可用	是
			PGC. YJX. GTU1G. CCR. XND. XN_UNIT_STA	达到 G 工况	是
			PGC. YJX. GTU1G. CCR. XND. XN_UNIT_STA	达到 PC 工况	是
			PGC. YJX. GTU1G. CCR. XND. XN_UNIT_STA	达到 P 工况	是

监测信号						
测点标识	高限值	高限值返回值	低限值	低限值返回值	超限持续时间	告警消息格式
PGC. YJX. GTU1G. MFA. MFD10. 1MFD10_ CT344_RTD	62	62			0	测点：\${pid} 当前状态值为：\${state}，越过 \${type} 值设定值：\${value}，且越限持续时长大于设定值：\${limit}

表 3 - 8 是在运期间用于分析判定的一段时序数据序列。

表 3 - 8   越限分析时序数据

序号	时间	源系统 id	名称	状态	来源
1	2024 - 06 - 13 00：03：00. 000	PGC. YJX. GTU1G. MFA. MFD10. 1MFD10_CT344_RTD	1 号机组 3 号水导瓦温 RTD03 - 1（双支 RTD）	46. 200001	监测信号
2	2024 - 06 - 13 00：03：38. 000	PGC. YJX. GTU1G. MFA. MFD10. 1MFD10_CT344_RTD	1 号机组 3 号水导瓦温 RTD03 - 1（双支 RTD）	46. 099998	监测信号

续表

序号	时间	源系统 id	名称	状态	来源
3	2024 - 06 - 13 00：03：44.000	PGC. YJX. GTU1G. MFA. MFD10. 1MFD10_CT344_RTD	1 号机组 3 号水 导瓦温 RTD03 - 1 （双支 RTD）	46.200001	监测 信号
4	2024 - 06 - 13 00：03：45.000	PGC. YJX. GTU1G. MFA. MFD10. 1MFD10_CT344_RTD	1 号机组 3 号水 导瓦温 RTD03 - 1 （双支 RTD）	46.099998	监测 信号
5	2024 - 06 - 13 00：03：47.000	PGC. YJX. GTU1G. MFA. MFD10. 1MFD10_CT344_RTD	1 号机组 3 号水 导瓦温 RTD03 - 1 （双支 RTD）	46.200001	监测 信号
6	2024 - 06 - 13 00：14：15.000	PGC. YJX. GTU1G. MFA. MFD10. 1MFD10_CT344_RTD	1 号机组 3 号水 导瓦温 RTD03 - 1 （双支 RTD）	46	监测 信号
7	2024 - 06 - 13 00：14：25.000	PGC. YJX. GTU1G. MFA. MFD10. 1MFD10_CT344_RTD	1 号机组 3 号水 导瓦温 RTD03 - 1 （双支 RTD）	46.099998	监测 信号
8	2024 - 06 - 13 00：48：03.000	PGC. YJX. GTU1G. MFA. MFD10. 1MFD10_CT344_RTD	1 号机组 3 号水 导瓦温 RTD03 - 1 （双支 RTD）	45.799	监测 信号
9	2024 - 06 - 13 00：49：00.000	PGC. YJX. GTU1G. CCR. XND. XN_UNIT_STA	1 号机组 U1 机 组状态	11（正转 至 P 工况）	触 发 器
10	2024 - 06 - 13 00：56：00.000	PGC. YJX. GTU1G. CCR. XND. XN_UNIT_STA	1 号机组 U1 机 组状态	12（达到 P 工况）	触 发 器
11	2024 - 06 - 13 02：00：11.000	PGC. YJX. GTU1G. MFA. MFD10. 1MFD10_CT344_RTD	1 号机组 3 号水 导瓦温 RTD03 - 1 （双支 RTD）	63.200001	监测 信号
12	2024 - 06 - 13 02：00：22.000	PGC. YJX. GTU1G. MFA. MFD10. 1MFD10_CT344_RTD	1 号机组 3 号水 导瓦温 RTD03 - 1 （双支 RTD）	63.299999	监测 信号

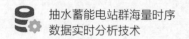
续表

序号	时间	源系统 id	名称	状态	来源
13	2024 – 06 – 13 02：00：28.000	PGC. YJX. GTU1G. MFA. MFD10. 1MFD10_CT344_RTD	1 号机组 3 号水导瓦温 RTD03 – 1（双支 RTD）	63. 200001	监测信号
14	2024 – 06 – 13 02：00：36.000	PGC. YJX. GTU1G. MFA. MFD10. 1MFD10_CT344_RTD	1 号机组 3 号水导瓦温 RTD03 – 1（双支 RTD）	63. 299999	监测信号
15	2024 – 06 – 13 02：11：12.000	PGC. YJX. GTU1G. MFA. MFD10. 1MFD10_CT344_RTD	1 号机组 3 号水导瓦温 RTD03 – 1（双支 RTD）	63. 200001	监测信号
16	2024 – 06 – 13 02：11：14.000	PGC. YJX. GTU1G. MFA. MFD10. 1MFD10_CT344_RTD	1 号机组 3 号水导瓦温 RTD03 – 1（双支 RTD）	63. 099998	监测信号
17	2024 – 06 – 13 03：03：11.000	PGC. YJX. GTU1G. MFA. MFD10. 1MFD10_CT344_RTD	1 号机组 3 号水导瓦温 RTD03 – 1（双支 RTD）	62. 700001	监测信号
18	2024 – 06 – 13 03：42：02.000	PGC. YJX. GTU1G. MFA. MFD10. 1MFD10_CT344_RTD	1 号机组 3 号水导瓦温 RTD03 – 1（双支 RTD）	62. 700001	监测信号
19	2024 – 06 – 13 03：49：47.000	PGC. YJX. GTU1G. MFA. MFD10. 1MFD10_CT344_RTD	1 号机组 3 号水导瓦温 RTD03 – 1（双支 RTD）	62. 700001	监测信号
20	2024 – 06 – 13 03：50：02.000	PGC. YJX. GTU1G. MFA. MFD10. 1MFD10_CT344_RTD	1 号机组 3 号水导瓦温 RTD03 – 1（双支 RTD）	62. 700001	监测信号
21	2024 – 06 – 13 04：55：01.000	PGC. YJX. GTU1G. MFA. MFD10. 1MFD10_CT344_RTD	1 号机组 3 号水导瓦温 RTD03 – 1（双支 RTD）	62. 599998	监测信号

续表

序号	时间	源系统 id	名称	状态	来源
22	2024 - 06 - 13 05：05：22.000	PGC. YJX. GTU1G. MFA. MFD10. 1MFD10_CT344_RTD	1 号机组 3 号水导瓦温 RTD03 - 1（双支 RTD）	62.599998	监测信号
23	2024 - 06 - 13 05：14：00.000	PGC. YJX. GTU1G. MFA. MFD10. 1MFD10_CT344_RTD	1 号机组 3 号水导瓦温 RTD03 - 1（双支 RTD）	62.599998	监测信号
24	2024 - 06 - 13 05：14：01.000	PGC. YJX. GTU1G. MFA. MFD10. 1MFD10_CT344_RTD	1 号机组 3 号水导瓦温 RTD03 - 1（双支 RTD）	62.700001	监测信号
25	2024 - 06 - 13 06：05：17.000	PGC. YJX. GTU1G. MFA. MFD10. 1MFD10_CT344_RTD	1 号机组 3 号水导瓦温 RTD03 - 1（双支 RTD）	62.599998	监测信号
26	2024 - 06 - 13 06：05：18.000	PGC. YJX. GTU1G. MFA. MFD10. 1MFD10_CT344_RTD	1 号机组 3 号水导瓦温 RTD03 - 1（双支 RTD）	62.700001	监测信号
27	2024 - 06 - 13 06：05：20.000	PGC. YJX. GTU1G. MFA. MFD10. 1MFD10_CT344_RTD	1 号机组 3 号水导瓦温 RTD03 - 1（双支 RTD）	62.599998	监测信号
28	2024 - 06 - 13 06：05：21.000	PGC. YJX. GTU1G. MFA. MFD10. 1MFD10_CT344_RTD	1 号机组 3 号水导瓦温 RTD03 - 1（双支 RTD）	62.700001	监测信号
29	2024 - 06 - 13 06：07：15.000	PGC. YJX. GTU1G. MFA. MFD10. 1MFD10_CT344_RTD	1 号机组 3 号水导瓦温 RTD03 - 1（双支 RTD）	62.599998	监测信号
30	2024 - 06 - 13 06：07：16.000	PGC. YJX. GTU1G. MFA. MFD10. 1MFD10_CT344_RTD	1 号机组 3 号水导瓦温 RTD03 - 1（双支 RTD）	62.700001	监测信号

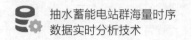
续表

序号	时间	源系统 id	名称	状态	来源
31	2024 - 06 - 13 06：17：04.000	PGC. YJX. GTU1G. MFA. MFD10. 1MFD10_CT344_RTD	1 号机组 3 号水导瓦温 RTD03 - 1（双支 RTD）	62.599998	监测信号
32	2024 - 06 - 13 06：59：49.000	PGC. YJX. GTU1G. MFA. MFD10. 1MFD10_CT344_RTD	1 号机组 3 号水导瓦温 RTD03 - 1（双支 RTD）	62.700001	监测信号
33	2024 - 06 - 13 06：59：52.000	PGC. YJX. GTU1G. MFA. MFD10. 1MFD10_CT344_RTD	1 号机组 3 号水导瓦温 RTD03 - 1（双支 RTD）	62.799999	监测信号
34	2024 - 06 - 13 07：00：34.000	PGC. YJX. GTU1G. MFA. MFD10. 1MFD10_CT344_RTD	1 号机组 3 号水导瓦温 RTD03 - 1（双支 RTD）	62.799999	监测信号
35	2024 - 06 - 13 07：24：05.000	PGC. YJX. GTU1G. MFA. MFD10. 1MFD10_CT344_RTD	1 号机组 3 号水导瓦温 RTD03 - 1（双支 RTD）	62.799999	监测信号
36	2024 - 06 - 13 07：24：23.000	PGC. YJX. GTU1G. MFA. MFD10. 1MFD10_CT344_RTD	1 号机组 3 号水导瓦温 RTD03 - 1（双支 RTD）	62.700001	监测信号
37	2024 - 06 - 13 07：24：36.000	PGC. YJX. GTU1G. MFA. MFD10. 1MFD10_CT344_RTD	1 号机组 3 号水导瓦温 RTD03 - 1（双支 RTD）	62.799999	监测信号
38	2024 - 06 - 13 07：24：37.000	PGC. YJX. GTU1G. MFA. MFD10. 1MFD10_CT344_RTD	1 号机组 3 号水导瓦温 RTD03 - 1（双支 RTD）	62.700001	监测信号
39	2024 - 06 - 13 07：24：39.000	PGC. YJX. GTU1G. MFA. MFD10. 1MFD10_CT344_RTD	1 号机组 3 号水导瓦温 RTD03 - 1（双支 RTD）	62.799999	监测信号
40	2024 - 06 - 13 07：24：41.000	PGC. YJX. GTU1G. MFA. MFD10. 1MFD10_CT344_RTD	1 号机组 3 号水导瓦温 RTD03 - 1（双支 RTD）	62.700001	监测信号

序号	时间	源系统 id	名称	状态	来源
41	2024－06－13 07：24：42.000	PGC. YJX. GTU1G. MFA. MFD10. 1MFD10_CT344_RTD	1 号机组 3 号水导瓦温 RTD03－1（双支 RTD）	62.799999	监测信号
42	2024－06－13 07：24：43.000	PGC. YJX. GTU1G. MFA. MFD10. 1MFD10_CT344_RTD	1 号机组 3 号水导瓦温 RTD03－1（双支 RTD）	62.700001	监测信号
43	2024－06－13 07：33：33.000	PGC. YJX. GTU1G. MFA. MFD10. 1MFD10_CT344_RTD	1 号机组 3 号水导瓦温 RTD03－1（双支 RTD）	62.700001	监测信号
44	2024－06－13 07：43：16.000	PGC. YJX. GTU1G. MFA. MFD10. 1MFD10_CT344_RTD	1 号机组 3 号水导瓦温 RTD03－1（双支 RTD）	62.700001	监测信号
45	2024－06－13 07：44：00.000	PGC. YJX. GTU1G. MFA. MFD10. 1MFD10_CT344_RTD	1 号机组 3 号水导瓦温 RTD03－1（双支 RTD）	62.799999	监测信号
46	2024－06－13 07：53：00.000	PGC. YJX. GTU1G. CCR. XND. XN_UNIT_STA	1 号机组 U1 机组状态	0（正在停机）	触发器
47	2024－06－13 08：00：00.000	PGC. YJX. GTU1G. CCR. XND. XN_UNIT_STA	1 号机组 U1 机组状态	1（停机可用）	触发器
48	2024－06－13 08：00：00.000	PGC. YJX. GTU1G. CCR. XND. XN_UNIT_STA	1 号机组 U1 机组状态	2（停机但不可用）	触发器
49	2024－06－13 09：07：21.000	PGC. YJX. GTU1G. MFA. MFD10. 1MFD10_CT344_RTD	1 号机组 3 号水导瓦温 RTD03－1（双支 RTD）	51.799	监测信号
50	2024－06－13 09：20：14.000	PGC. YJX. GTU1G. MFA. MFD10. 1MFD10_CT344_RTD	1 号机组 3 号水导瓦温 RTD03－1（双支 RTD）	51.299	监测信号
51	2024－06－13 09：33：00.000	PGC. YJX. GTU1G. CCR. XND. XN_UNIT_STA	1 号机组 U1 机组状态	5（正转至 G 工况）	触发器

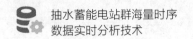

续表

序号	时间	源系统 id	名称	状态	来源
52	2024-06-13 11:57:00.000	PGC.YJX.GTU1G.CCR.XND.XN_UNIT_STA	1号机组 U1 机组状态	0（正在停机）	触发器
53	2024-06-13 12:05:00.000	PGC.YJX.GTU1G.CCR.XND.XN_UNIT_STA	1号机组 U1 机组状态	1（停机可用）	触发器
54	2024-06-13 12:05:00.000	PGC.YJX.GTU1G.CCR.XND.XN_UNIT_STA	1号机组 U1 机组状态	2（停机但不可用）	触发器
55	2024-06-13 13:33:00.000	PGC.YJX.GTU1G.CCR.XND.XN_UNIT_STA	1号机组 U1 机组状态	5（正转至G工况）	触发器
56	2024-06-13 13:36:00.000	PGC.YJX.GTU1G.CCR.XND.XN_UNIT_STA	1号机组 U1 机组状态	6（达到G工况）	触发器
57	2024-06-13 14:12:00.000	PGC.YJX.GTU1G.CCR.XND.XN_UNIT_STA	1号机组 U1 机组状态	0（正在停机）	触发器
58	2024-06-13 14:20:00.000	PGC.YJX.GTU1G.CCR.XND.XN_UNIT_STA	1号机组 U1 机组状态	1（停机可用）	触发器
59	2024-06-13 14:20:00.000	PGC.YJX.GTU1G.CCR.XND.XN_UNIT_STA	1号机组 U1 机组状态	2（停机但不可用）	触发器
60	2024-06-13 15:03:00.000	PGC.YJX.GTU1G.CCR.XND.XN_UNIT_STA	1号机组 U1 机组状态	5（正转至G工况）	触发器
61	2024-06-13 15:06:00.000	PGC.YJX.GTU1G.CCR.XND.XN_UNIT_STA	1号机组 U1 机组状态	6（达到G工况）	触发器
62	2024-06-13 16:50:51.000	PGC.YJX.GTU1G.MFA.MFD10.1MFD10_CT344_RTD	1号机组3号水导瓦温 RTD03-1（双支 RTD）	54.200001	监测信号
63	2024-06-13 16:51:02.000	PGC.YJX.GTU1G.MFA.MFD10.1MFD10_CT344_RTD	1号机组3号水导瓦温 RTD03-1（双支 RTD）	54.200001	监测信号
64	2024-06-13 16:51:05.000	PGC.YJX.GTU1G.MFA.MFD10.1MFD10_CT344_RTD	1号机组3号水导瓦温 RTD03-1（双支 RTD）	54.299999	监测信号

续表

序号	时间	源系统 id	名称	状态	来源
65	2024 - 06 - 13 16：51：06.000	PGC. YJX. GTU1G. MFA. MFD10. 1MFD10_CT344_RTD	1 号机组 3 号水导瓦温 RTD03 - 1（双支 RTD）	54. 200001	监测信号
66	2024 - 06 - 13 17：07：39.000	PGC. YJX. GTU1G. MFA. MFD10. 1MFD10_CT344_RTD	1 号机组 3 号水导瓦温 RTD03 - 1（双支 RTD）	54. 200001	监测信号
67	2024 - 06 - 13 17：07：40.000	PGC. YJX. GTU1G. MFA. MFD10. 1MFD10_CT344_RTD	1 号机组 3 号水导瓦温 RTD03 - 1（双支 RTD）	54. 299999	监测信号
68	2024 - 06 - 13 17：07：41.000	PGC. YJX. GTU1G. MFA. MFD10. 1MFD10_CT344_RTD	1 号机组 3 号水导瓦温 RTD03 - 1（双支 RTD）	54. 200001	监测信号
69	2024 - 06 - 13 17：07：46.000	PGC. YJX. GTU1G. MFA. MFD10. 1MFD10_CT344_RTD	1 号机组 3 号水导瓦温 RTD03 - 1（双支 RTD）	54. 299999	监测信号
70	2024 - 06 - 13 17：42：00.000	PGC. YJX. GTU1G. CCR. XND. XN_UNIT_STA	1 号机组 U1 机组状态	0（正在停机）	触发器
71	2024 - 06 - 13 17：50：00.000	PGC. YJX. GTU1G. CCR. XND. XN_UNIT_STA	1 号机组 U1 机组状态	1（停机可用）	触发器
72	2024 - 06 - 13 17：50：00.000	PGC. YJX. GTU1G. CCR. XND. XN_UNIT_STA	1 号机组 U1 机组状态	2（停机但不可用）	触发器
73	2024 - 06 - 13 18：18：00.000	PGC. YJX. GTU1G. CCR. XND. XN_UNIT_STA	1 号机组 U1 机组状态	5（正转至 G 工况）	触发器
74	2024 - 06 - 13 18：21：00.000	PGC. YJX. GTU1G. CCR. XND. XN_UNIT_STA	1 号机组 U1 机组状态	6（达到 G 工况）	触发器
75	2024 - 06 - 13 21：42：00.000	PGC. YJX. GTU1G. CCR. XND. XN_UNIT_STA	1 号机组 U1 机组状态	0（正在停机）	触发器
76	2024 - 06 - 13 21：50：00.000	PGC. YJX. GTU1G. CCR. XND. XN_UNIT_STA	1 号机组 U1 机组状态	1（停机可用）	触发器

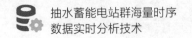

续表

序号	时间	源系统 id	名称	状态	来源
77	2024 – 06 – 13 22：41：45.000	PGC. YJX. GTU1G. MFA. MFD10.1MFD10_CT344_RTD	1 号机组 3 号水导瓦温 RTD03 – 1（双支 RTD）	50.700001	监测信号
78	2024 – 06 – 13 23：54：57.000	PGC. YJX. GTU1G. MFA. MFD10.1MFD10_CT344_RTD	1 号机组 3 号水导瓦温 RTD03 – 1（双支 RTD）	49.200001	监测信号
79	2024 – 06 – 13 23：55：02.000	PGC. YJX. GTU1G. MFA. MFD10.1MFD10_CT344_RTD	1 号机组 3 号水导瓦温 RTD03 – 1（双支 RTD）	49.200001	监测信号
80	2024 – 06 – 13 23：55：04.000	PGC. YJX. GTU1G. MFA. MFD10.1MFD10_CT344_RTD	1 号机组 3 号水导瓦温 RTD03 – 1（双支 RTD）	49.299	监测信号
81	2024 – 06 – 13 23：55：05.000	PGC. YJX. GTU1G. MFA. MFD10.1MFD10_CT344_RTD	1 号机组 3 号水导瓦温 RTD03 – 1（双支 RTD）	49.200001	监测信号

对表 3 – 8 的时序数据序列进行分析（以 10 ~ 62 条分析为例）。

当监测到第 10 条数据时，触发条件测点 "PGC. YJX. GTU1G. CCR. XND. XN_UNIT_STA" 的状态为 "12（达到 P 工况）"，开始触发条件成立，则开始对待监测信号测点 "PGC. YJX. GTU1G. MFA. MFD10.1MFD10_CT344_RTD" 进行监测；

监测到第 11 条数据，待监测信号测点 "PGC. YJX. GTU1G. MFA. MFD10.1 MFD10_CT344_RTD" 的值为 "63.200001"，大于高限值 62，且 "超限持续时间" 设定为 0s，所以产生告警。"63.200001" 大于高限值返回值 62，所以告警将持续，不会停止。

告警消息如下：

```
YJX,
Event,
5,
"1 号机组 3 号水导瓦温 RTD03 - 1（双支 RTD），
关联设备为：1 号机组，
2024 - 06 - 13 02：00：11. 000 时 1 号机组 3 号水导瓦温 RTD03 - 1（双支
RTD）发出越上限告警，状态为：63. 20，上限值为：62. 0。"
```

监测到第 12 ~ 45 条数据，均持续发出告警。

监测到第 46 条数据时，触发条件测点 "PGC. YJX. GTU1G. CCR. XND. XN_UNIT_STA" 的状态为 "0（正在停机）"，结束触发条件成立，停止对待监测信号测点 "PGC. YJX. GTU1G. MFA. MFD10. 1MFD10_CT344_RTD" 进行监测，停止告警。

继续向下分析数据到第 62 条数据时，触发条件测点 "PGC. YJX. GTU1G. CCR. XND. XN_UNIT_STA" 的状态为 "6（达到 G 工况）"，开始触发条件成立，则开始对待监测信号测点 "PGC. YJX. GTU1G. MFA. MFD10. 1MFD10_CT344_RTD" 进行监测；第 63 数据，监测到待监测信号测点 "PGC. YJX. GTU1G. MFA. MFD10. 1MFD10_CT344_RTD" 的值为 "54. 200001"，小于高限值 62，不产生告警。

模拟量越限告警查看界面如图 3 - 8 所示。

单个模拟量还可以与同类模拟量平均值比较判断报警，即同类模拟量平均值与每个模拟量相减的绝对值大于参考值则发报警。这种分析可以发现指定模拟量偏出平均值的情形，主要针对定子铁芯、定子线圈、各导轴承瓦温等监测对象使用。

单个模拟量与同类模拟量平均值比较判断告警的输入参数包括：

（1）待监视同类模拟量（链接多个变量），多个（n）；

（2）待监视同类模拟量平均值变量（若有），多个（n）；

（3）差值告警设定值，多个（n）；

（4）延迟告警时间值。

输出参数为与平均值偏差告警及偏差趋势（显示偏差测点）。

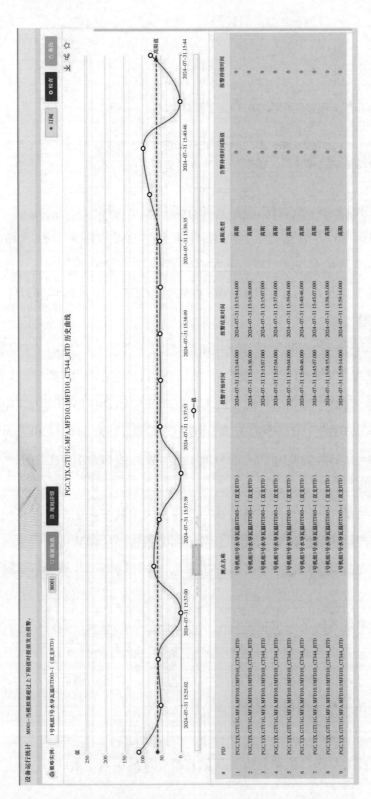

图 3 - 8 模拟量越限告警查看界面

表 3 - 9 是某抽水蓄能电站"1 号机组推力轴承瓦温横向分析"策略的输入配置。

表 3 - 9　　　　　　　单模拟量与模拟量平均值比较越限告警配置

触发条件				
触发条件 名称	状态	测点标识	状态（区间） 设置	取 反
1 号机组 发电稳态	开始	PGC. QYX. GTU1G. CCR. XND. XN_UNIT_STA	6	否
1 号机组 发电稳态	结束	PGC. QYX. GTU1G. CCR. XND. XN_UNIT_STA	6	是
监测信号				
测点标识				
PGC. QYX. GTU1G. MLA. MLD01. 1MLD01_CT301A_RTD				
PGC. QYX. GTU1G. MLA. MLD01. 1MLD01_CT302_RTD				
PGC. QYX. GTU1G. MLA. MLD01. 1MLD01_CT303_RTD				
PGC. QYX. GTU1G. MLA. MLD01. 1MLD01_CT304A_RTD				
PGC. QYX. GTU1G. MLA. MLD01. 1MLD01_CT305_RTD				
PGC. QYX. GTU1G. MLA. MLD01. 1MLD01_CT306_RTD				
PGC. QYX. GTU1G. MLA. MLD01. 1MLD01_CT307A_RTD				
PGC. QYX. GTU1G. MLA. MLD01. 1MLD01_CT308_RTD				
PGC. QYX. GTU1G. MLA. MLD01. 1MLD01_CT309_RTD				
PGC. QYX. GTU1G. MLA. MLD01. 1MLD01_CT301B_SAI				
PGC. QYX. GTU1G. MLA. MLD01. 1MLD01_CT304B_SAI				
PGC. QYX. GTU1G. MLA. MLD01. 1MLD01_CT307B_SAI				
策略配置				
延迟报警时间（s）		差值设定值		
0		10		

表 3 - 10 是运期间用于分析判定的一段时序数据序列。

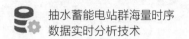

表 3 – 10　　　　　单模拟量与模拟量平均值比较越限分析时序数据示例

序号	时间	源系统 id	名称	状态	来源
1	2024 – 07 – 11 18：53：13.030	PGC. QYX. GTU1G. CCR. XND. XN_UNIT_STA	U1 机组状态	6（达到 G 工况）	触发器
2	2024 – 07 – 11 22：45：00.000	PGC. QYX. GTU1G. MLA. MLD01. 1MLD01_CT301A_RTD	Thrust bearing temp CT301A	62.099998	信号数据
3	2024 – 07 – 11 22：46：00.000	PGC. QYX. GTU1G. MLA. MLD01. 1MLD01_CT301A_RTD	Thrust bearing temp CT301A	62.099998	信号数据
4	2024 – 07 – 11 22：46：02.000	PGC. QYX. GTU1G. MLA. MLD01. 1MLD01_CT301A_RTD	Thrust bearing temp CT301A	62	信号数据
5	2024 – 07 – 11 22：47：00.000	PGC. QYX. GTU1G. MLA. MLD01. 1MLD01_CT301A_RTD	Thrust bearing temp CT301A	62	信号数据
6	2024 – 07 – 11 22：47：01.000	PGC. QYX. GTU1G. MLA. MLD01. 1MLD01_CT301A_RTD	Thrust bearing temp CT301A	62.099998	信号数据
7	2024 – 07 – 11 22：48：00.000	PGC. QYX. GTU1G. MLA. MLD01. 1MLD01_CT302_RTD	Thrust bearing temp CT302	57.299999	信号数据
8	2024 – 07 – 11 22：48：49.000	PGC. QYX. GTU1G. MLA. MLD01. 1MLD01_CT302_RTD	Thrust bearing temp CT302	57.400002	信号数据
9	2024 – 07 – 11 22：48：50.000	PGC. QYX. GTU1G. MLA. MLD01. 1MLD01_CT302_RTD	Thrust bearing temp CT302	57.299999	信号数据
10	2024 – 07 – 11 22：48：51.000	PGC. QYX. GTU1G. MLA. MLD01. 1MLD01_CT302_RTD	Thrust bearing temp CT302	57.400002	信号数据
11	2024 – 07 – 11 22：49：00.000	PGC. QYX. GTU1G. MLA. MLD01. 1MLD01_CT301A_RTD	Thrust bearing temp CT301A	62.099998	信号数据
12	2024 – 07 – 11 22：49：00.000	PGC. QYX. GTU1G. MLA. MLD01. 1MLD01_CT306_RTD	Thrust bearing temp CT306	57.099998	信号数据
13	2024 – 07 – 11 22：49：00.000	PGC. QYX. GTU1G. MLA. MLD01. 1MLD01_CT302_RTD	Thrust bearing temp CT302	57.400002	信号数据
14	2024 – 07 – 11 22：49：09.000	PGC. QYX. GTU1G. MLA. MLD01. 1MLD01_CT301A_RTD	Thrust bearing temp CT301A	62.200001	信号数据

续表

序号	时间	源系统 id	名称	状态	来源
15	2024 - 07 - 11 22：49：09.000	PGC. QYX. GTU1G. MLA. MLD01. 1MLD01_CT306_RTD	Thrust bearing temp CT306	57.200001	信号数据
16	2024 - 07 - 11 22：49：59.000	PGC. QYX. GTU1G. MLA. MLD01. 1MLD01_CT302_RTD	Thrust bearing temp CT302	57.5	信号数据
17	2024 - 07 - 11 22：50：00.000	PGC. QYX. GTU1G. MLA. MLD01. 1MLD01_CT301A_RTD	Thrust bearing temp CT301A	62.200001	信号数据
18	2024 - 07 - 11 22：50：00.000	PGC. QYX. GTU1G. MLA. MLD01. 1MLD01_CT306_RTD	Thrust bearing temp CT306	57.200001	信号数据
19	2024 - 07 - 11 22：50：00.000	PGC. QYX. GTU1G. MLA. MLD01. 1MLD01_CT302_RTD	Thrust bearing temp CT302	57.400002	信号数据
20	2024 - 07 - 11 22：50：23.000	PGC. QYX. GTU1G2. MLA. MLD01. 1MLD01_CT301A_RTD	Thrust bearing temp CT301A	62.400002	信号数据
21	2024 - 07 - 11 22：50：23.000	PGC. QYX. GTU1G. MLA. MLD01. 1MLD01_CT306_RTD	Thrust bearing temp CT306	57.299999	信号数据
22	2024 - 07 - 11 22：50：25.000	PGC. QYX. GTU1G. MLA. MLD01. 1MLD01_CT301A_RTD	Thrust bearing temp CT301A	62.299999	信号数据
23	2024 - 07 - 11 22：50：26.000	PGC. QYX. GTU1G. MLA. MLD01. 1MLD01_CT301A_RTD	Thrust bearing temp CT301A	62.400002	信号数据
24	2024 - 07 - 11 22：50：27.000	PGC. QYX. GTU1G. MLA. MLD01. 1MLD01_CT301A_RTD	Thrust bearing temp CT301A	62.299999	信号数据
25	2024 - 07 - 11 22：50：28.000	PGC. QYX. GTU1G. MLA. MLD01. 1MLD01_CT301A_RTD	Thrust bearing temp CT301A	62.400002	信号数据
26	2024 - 07 - 11 22：51：00.000	PGC. QYX. GTU1G. MLA. MLD01. 1MLD01_CT301A_RTD	Thrust bearing temp CT301A	62.400002	信号数据
27	2024 - 07 - 11 22：51：00.000	PGC. QYX. GTU1G. MLA. MLD01. 1MLD01_CT302_RTD	Thrust bearing temp CT302	57.400002	信号数据
28	2024 - 07 - 11 22：51：38.000	PGC. QYX. GTU1G. MLA. MLD01. 1MLD01_CT301A_RTD	Thrust bearing temp CT301A	62.5	信号数据
29	2024 - 07 - 11 22：51：46.000	PGC. QYX. GTU1G. MLA. MLD01. 1MLD01_CT302_RTD	Thrust bearing temp CT302	57.599998	信号数据

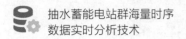

续表

序号	时间	源系统 id	名称	状态	来源
30	2024 - 07 - 11 22：52：00.000	PGC. QYX. GTU1G. MLA. MLD01. 1MLD01_CT301A_RTD	Thrust bearing temp CT301A	62. 5	信号数据
31	2024 - 07 - 11 22：52：00.000	PGC. QYX. GTU1G. MLA. MLD01. 1MLD01_CT306_RTD	Thrust bearing temp CT306	57. 299999	信号数据
32	2024 - 07 - 11 22：52：00.000	PGC. QYX. GTU1G. MLA. MLD01. 1MLD01_CT302_RTD	Thrust bearing temp CT302	57. 599998	信号数据
33	2024 - 07 - 11 22：52：11.000	PGC. QYX. GTU1G. MLA. MLD01. 1MLD01_CT302_RTD	Thrust bearing temp CT302	57. 5	信号数据
34	2024 - 07 - 11 22：52：35.000	PGC. QYX. GTU1G. MLA. MLD01. 1MLD01_CT301A_RTD	Thrust bearing temp CT301A	62. 5	信号数据
35	2024 - 07 - 11 22：52：35.000	PGC. QYX. GTU1G. MLA. MLD01. 1MLD01_CT306_RTD	Thrust bearing temp CT306	57. 299999	信号数据
36	2024 - 07 - 11 22：53：00.000	PGC. QYX. GTU1G. MLA. MLD01. 1MLD01_CT306_RTD	Thrust bearing temp CT306	57. 299999	信号数据
37	2024 - 07 - 11 22：53：00.000	PGC. QYX. GTU1G. MLA. MLD01. 1MLD01_CT302_RTD	Thrust bearing temp CT302	57. 599998	信号数据
38	2024 - 07 - 11 22：53：44.000	PGC. QYX. GTU1G. MLA. MLD01. 1MLD01_CT306_RTD	Thrust bearing temp CT306	57. 400002	信号数据
39	2024 - 07 - 11 22：53：46.000	PGC. QYX. GTU1G. MLA. MLD01. 1MLD01_CT306_RTD	Thrust bearing temp CT306	57. 299999	信号数据
40	2024 - 07 - 11 22：53：47.000	PGC. QYX. GTU1G. MLA. MLD01. 1MLD01_CT306_RTD	Thrust bearing temp CT306	57. 400002	信号数据
41	2024 - 07 - 11 22：53：48.000	PGC. QYX. GTU1G. MLA. MLD01. 1MLD01_CT306_RTD	Thrust bearing temp CT306	57. 299999	信号数据
42	2024 - 07 - 11 22：53：54.000	PGC. QYX. GTU1G. MLA. MLD01. 1MLD01_CT306_RTD	Thrust bearing temp CT306	57. 400002	信号数据
43	2024 - 07 - 11 22：53：56.000	PGC. QYX. GTU1G. MLA. MLD01. 1MLD01_CT306_RTD	Thrust bearing temp CT306	57. 400002	信号数据
44	2024 - 07 - 11 22：53：57.000	PGC. QYX. GTU1G. MLA. MLD01. 1MLD01_CT306_RTD	Thrust bearing temp CT306	57. 299999	信号数据

续表

序号	时间	源系统 id	名称	状态	来源
45	2024 − 07 − 11 22：53：58. 000	PGC. QYX. GTU1G. MLA. MLD01. 1MLD01_CT306_RTD	Thrust bearing temp CT306	57. 400002	信号数据
46	2024 − 07 − 11 22：54：00. 000	PGC. QYX. GTU1G. MLA. MLD01. 1MLD01_CT306_RTD	Thrust bearing temp CT306	57. 400002	信号数据
47	2024 − 07 − 11 22：54：06. 000	PGC. QYX. GTU1G. MLA. MLD01. 1MLD01_CT306_RTD	Thrust bearing temp CT306	57. 299999	信号数据
48	2024 − 07 − 11 22：54：07. 000	PGC. QYX. GTU1G. MLA. MLD01. 1MLD01_CT306_RTD	Thrust bearing temp CT306	57. 299999	信号数据
49	2024 − 07 − 11 22：54：08. 000	PGC. QYX. GTU1G. MLA. MLD01. 1MLD01_CT306_RTD	Thrust bearing temp CT306	57. 400002	信号数据
50	2024 − 07 − 11 22：54：42. 000	PGC. QYX. GTU1G. MLA. MLD01. 1MLD01_CT306_RTD	Thrust bearing temp CT306	57. 400002	信号数据
51	2024 − 07 − 11 22：54：44. 000	PGC. QYX. GTU1G. MLA. MLD01. 1MLD01_CT306_RTD	Thrust bearing temp CT306	57. 299999	信号数据
52	2024 − 07 − 11 22：54：45. 000	PGC. QYX. GTU1G. MLA. MLD01. 1MLD01_CT306_RTD	Thrust bearing temp CT306	57. 400002	信号数据
53	2024 − 07 − 11 22：54：47. 000	PGC. QYX. GTU1G. MLA. MLD01. 1MLD01_CT306_RTD	Thrust bearing temp CT306	57. 299999	信号数据
54	2024 − 07 − 11 22：54：49. 000	PGC. QYX. GTU1G. MLA. MLD01. 1MLD01_CT306_RTD	Thrust bearing temp CT306	57. 400002	信号数据
55	2024 − 07 − 11 22：54：53. 000	PGC. QYX. GTU1G. MLA. MLD01. 1MLD01_CT306_RTD	Thrust bearing temp CT306	57. 299999	信号数据
56	2024 − 07 − 11 22：54：55. 000	PGC. QYX. GTU1G. MLA. MLD01. 1MLD01_CT306_RTD	Thrust bearing temp CT306	57. 400002	信号数据
57	2024 − 07 − 11 22：54：56. 000	PGC. QYX. GTU1G. MLA. MLD01. 1MLD01_CT306_RTD	Thrust bearing temp CT306	57. 299999	信号数据
58	2024 − 07 − 11 22：54：57. 000	PGC. QYX. GTU1G. MLA. MLD01. 1MLD01_CT306_RTD	Thrust bearing temp CT306	57. 400002	信号数据
59	2024 − 07 − 11 22：54：58. 000	PGC. QYX. GTU1G. MLA. MLD01. 1MLD01_CT306_RTD	Thrust bearing temp CT306	57. 299999	信号数据

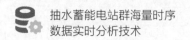

续表

序号	时间	源系统 id	名称	状态	来源
60	2024 – 07 – 11 22：54：59.000	PGC. QYX. GTU1G. MLA. MLD01. 1MLD01_CT306_RTD	Thrust bearing temp CT306	57.400002	信号数据
61	2024 – 07 – 11 22：55：00.000	PGC. QYX. GTU1G. MLA. MLD01. 1MLD01_CT306_RTD	Thrust bearing temp CT306	57.299999	信号数据
62	2024 – 07 – 11 22：55：00.000	PGC. QYX. GTU1G. MLA. MLD01. 1MLD01_CT302_RTD	Thrust bearing temp CT302	57.599998	信号数据
63	2024 – 07 – 11 22：55：03.000	PGC. QYX. GTU1G. MLA. MLD01. 1MLD01_CT306_RTD	Thrust bearing temp CT306	57.299999	信号数据
64	2024 – 07 – 11 22：55：07.000	PGC. QYX. GTU1G. MLA. MLD01. 1MLD01_CT306_RTD	Thrust bearing temp CT306	57.299999	信号数据
65	2024 – 07 – 11 22：55：11.000	PGC. QYX. GTU1G. MLA. MLD01. 1MLD01_CT306_RTD	Thrust bearing temp CT306	57.299999	信号数据
66	2024 – 07 – 11 22：55：56.000	PGC. QYX. GTU1G. MLA. MLD01. 1MLD01_CT302_RTD	Thrust bearing temp CT302	57.5	信号数据
67	2024 – 07 – 11 22：56：00.000	PGC. QYX. GTU1G. MLA. MLD01. 1MLD01_CT301A_RTD	Thrust bearing temp CT301A	62.5	信号数据
68	2024 – 07 – 11 22：56：00.000	PGC. QYX. GTU1G. MLA. MLD01. 1MLD01_CT302_RTD	Thrust bearing temp CT302	57.5	信号数据
69	2024 – 07 – 11 22：56：02.000	PGC. QYX. GTU1G. MLA. MLD01. 1MLD01_CT302_RTD	Thrust bearing temp CT302	57.5	信号数据
70	2024 – 07 – 11 22：56：08.000	PGC. QYX. GTU1G. MLA. MLD01. 1MLD01_CT301A_RTD	Thrust bearing temp CT301A	62.400002	信号数据
71	2024 – 07 – 11 22：57：00.000	PGC. QYX. GTU1G. MLA. MLD01. 1MLD01_CT301A_RTD	Thrust bearing temp CT301A	62.400002	信号数据
72	2024 – 07 – 11 22：57：32.000	PGC. QYX. GTU1G. MLA. MLD01. 1MLD01_CT301A_RTD	Thrust bearing temp CT301A	62.400002	信号数据
73	2024 – 07 – 11 22：57：33.000	PGC. QYX. GTU1G. MLA. MLD01. 1MLD01_CT301A_RTD	Thrust bearing temp CT301A	62.299999	信号数据
74	2024 – 07 – 11 22：57：34.000	PGC. QYX. GTU1G. MLA. MLD01. 1MLD01_CT301A_RTD	Thrust bearing temp CT301A	62.400002	信号数据

续表

序号	时间	源系统 id	名称	状态	来源
75	2024 – 07 – 11 22：57：35.000	PGC. QYX. GTU1G. MLA. MLD01. 1MLD01_CT301A_RTD	Thrust bearing temp CT301A	62.299999	信号数据
76	2024 – 07 – 11 22：57：37.000	PGC. QYX. GTU1G. MLA. MLD01. 1MLD01_CT301A_RTD	Thrust bearing temp CT301A	62.400002	信号数据
77	2024 – 07 – 11 22：57：38.000	PGC. QYX. GTU1G. MLA. MLD01. 1MLD01_CT301A_RTD	Thrust bearing temp CT301A	62.299999	信号数据
78	2024 – 07 – 11 22：57：41.000	PGC. QYX. GTU1G. MLA. MLD01. 1MLD01_CT301A_RTD	Thrust bearing temp CT301A	62.400002	信号数据
79	2024 – 07 – 11 22：57：43.000	PGC. QYX. GTU1G. MLA. MLD01. 1MLD01_CT301A_RTD	Thrust bearing temp CT301A	62.299999	信号数据
80	2024 – 07 – 11 22：57：48.000	PGC. QYX. GTU1G. MLA. MLD01. 1MLD01_CT301A_RTD	Thrust bearing temp CT301A	62.299999	信号数据
81	2024 – 07 – 11 22：57：51.000	PGC. QYX. GTU1G. MLA. MLD01. 1MLD01_CT301A_RTD	Thrust bearing temp CT301A	62.400002	信号数据
82	2024 – 07 – 11 22：57：52.000	PGC. QYX. GTU1G. MLA. MLD01. 1MLD01_CT301A_RTD	Thrust bearing temp CT301A	62.299999	信号数据
83	2024 – 07 – 11 22：57：53.000	PGC. QYX. GTU1G. MLA. MLD01. 1MLD01_CT301A_RTD	Thrust bearing temp CT301A	62.400002	信号数据
84	2024 – 07 – 11 22：57：54.000	PGC. QYX. GTU1G. MLA. MLD01. 1MLD01_CT301A_RTD	Thrust bearing temp CT301A	62.299999	信号数据
85	2024 – 07 – 11 22：58：00.000	PGC. QYX. GTU1G. MLA. MLD01. 1MLD01_CT306_RTD	Thrust bearing temp CT306	57.299999	信号数据
86	2024 – 07 – 11 23：12：04.213	PGC. QYX. GTU1G. CCR. XND. XN_UNIT_STA	U1 机组状态	0（正在停机）	触发器

依据表 3 – 10 的时序数据序列进行分析。分析第 1 ~ 13 条数据，监测到第 1 条数据时，触发条件测点 "PGC. QYX. GTU1G. CCR. XND. XN_UNIT_STA" 的状态为 "6（达到 G 工况）"，开始触发条件成立，开始对待监测信号里待监测测点进行监测。

至第 2 条数据，记录测点 "PGC. QYX. GTU1G. MLA. MLD01. 1MLD01 _

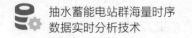
CT301A_RTD"的值为 62.09998。

第 3 条数据与第 2 条数据是同一个测点，依据计算规则，出现重复测点，且已记录的不同测点数量（第 2 条数据）不大于 1，则抛弃重复测点的旧取值（第 2 条数据），记录重复测点的新取值，即第 3 条数据的取值为 62.099998。第 4、5、6 条数据，与第 3 条数据均是同一个测点，依据计算规则，第 3、4、5 条数据均被抛弃，更新测点取值为第 6 条数据的值 62.099998。

第 7 条数据，记录测点 "PGC. QYX. GTU1G. MLA. MLD01. 1MLD01_CT302_RTD"的值为 57.299999。第 8 条数据，与第 7 条数据是同一个测点，依据计算规则，出现重复测点，且已记录的不同测点数量（第 6、7 条数据）大于 1，则对已记录的不同测点（第 6、7 条数据）进行分析计算，记录第 8 条数据的测点及取值，用作下一循环的计算。

第 6、7 条数据的分析计算如下：

（1）平均值 =（62.099998 + 57.299999）/2 = 59.699999；

（2）第 6 条数据的测点与平均值的差值 = | 62.099998 – 59.699999 | = 2.399999，小于设定值 10，不生成告警；

（3）第 7 条数据的测点与平均值的差值 = | 57.299999 – 59.699999 | = 2.4，小于设定值 10，不生成告警。

继续向下分析，第 9、10 条数据，与第 8 条数据均是同一个测点，依据计算规则，第 8、9 条数据均被抛弃，更新测点取值为第 10 条数据的值 57.400002；

第 11 条数据，记录测点取值为 62.099998；

第 12 条数据，记录测点取值为 57.099998；

第 13 条数据，与第 10 条数据是同一个测点，依据计算规则，出现重复测点，且已记录的不同测点数量（第 10 ~ 12 条数据）大于 1，则对已记录的不同测点（第 10 ~ 12 条数据）进行分析计算，记录第 13 条数据的测点及取值，用作下一循环的计算。

第 10 ~ 12 条数据的分析计算如下：

（1）平均值 =（57.400002 + 62.099998 + 57.099998）/3 = 58.866666；

（2）第 10 条数据的测点与平均值的差值 = | 57.400002 – 58.866666 | =

1.466664，小于设定值 10，不发出报警；

（3）第 11 条数据的测点与平均值的差值 = ｜62.099998 − 58.866666｜ = 3.233332，小于设定值 10，不发出报警；

（4）第 12 条数据的测点与平均值的差值 = ｜57.099998 − 58.866666｜ = 1.766668，小于设定值 10，不发出报警。

继续向下分析，直至监测到第 86 条数据，触发条件测点 "PGC. QYX. GTU1G. CCR. XND. XN_UNIT_STA" 的状态为 "0（正在停机）"，结束触发条件成立，停止对待监测测点的监测。

以下通过几种假设说明策略的告警机制：

（1）假设差值限定值设置为 2，则在监测到第 8 条数据时，对第 6、7 条数据进行分析、计算得到与平均值的差值分别为 2.399999、2.4，均大于设定值 2；又因延迟报警时间为 0，所以直接发出告警。

（2）如果延迟报警时间为 1s，那么分析到 6、7 条数据与平均值的差值分别为 2.399999、2.4，均大于设定值 2，记录当前时间点（得到分析结果的时间点），并累计持续时长，当持续时长大于延迟报警时间后，即 1s 之后，发出告警。

（3）假设延迟报警时间为 60s，第 7 条数据与平均值的差值为 2.4，大于设定值 2，得到分析结果的时间为 "22：48：49.000"，在持续时间大于延迟报警之前，由于第 11 条数据（与第 7 条数据测点相同）与平均值的差值为 1.466664，小于设定值 2，得到分析结果的时间为 "22：49：00.000"，所以不发出告警。

告警消息格式：

```
QYX,
Event,
5,
"1 号机组推力轴承瓦温横向分析,
关联设备为: 1 号机组电动发电机,
2024 - 01 - 07 08: 49: 47. 848 时, 测点 "PGC. QYX. GTU1G. MLA. MLD01. 1
MLD01_CT302_RTD" 与同类模拟量平均值差值大于设定值 10, 延时时报警时
间: 0s",
```

分析结果展示为直观的界面（见图 3 − 9）。

图 3－9　单个模拟量与同类模拟量均值偏差趋势界面

3.4.4　小结

时序数据分析环境将业务系统的模拟量时序数据整合后分析，为运行维护人员提供了一个便捷的巡检方法。

除能够根据限值跟踪测点是否越限外，还可以配置模板，设定基于区间的测点统计分析。如计算从条件触发启动到条件触发结束时间段内，某模拟量的最大值、最小值、平均值、标准差、定积分值等，针对每个计算结果，均可设定告警限值。统计值结果可以作为其他计算的比较基准，也可以作为单独的告警监视目标。

3.5
电站音视频流数据巡检

3.5.1　场景描述

根据巡检标准区分是基于模拟量和开关量进行数据巡检还是机器视觉、听觉巡检。数据巡检实时分析测点时序数据；视觉、听觉巡检依据流式时序数据，采用针对地面漏水、漏油、杂物等有效的视觉和听觉分析算法，可弥补自动化传感器无法完全感知这些异常情况的缺陷。

各个抽水蓄能电站都建设有工业电视系统，通过生产区域的多路摄像头积累了大量的视频数据。视频数据用于事后分析或查看确认的基础上，通过采用多尺度目标检测算法对视频数据进行智能分析，实现面向多尺度目标场景的机器视觉智能感知，确保生产设备或环境隐患被及时发现，避免缺陷影响升级造成安全事故的发生。同时使现场巡检逐步减少工作量巨大的查看视频内容的方式，降低人工到场巡视依赖程度。

音频信号分析方面，扩展设备运行声音的全场景监听手段，并充分利用好

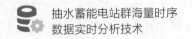
实时采集的音频数据，及时发现生产区域设备异常声音运行状态问题，实现对多维度设备声音信号的实时采集，及时发现生产设备声音异常隐患，避免缺陷影响升级造成安全事故的发生。

机器听觉和视觉巡检在设备运行状态监控、环境安全监测、设备巡检与维护实时预警与应急响应等多个方面，都得到切实的应用。

（1）设备运行状态监控。抽水蓄能电站的核心设备包括水泵、涡轮机、发电机等，这些设备的稳定运行对电站至关重要。机器听觉和视觉技术在设备运行状态监控中发挥着关键作用。抽水蓄能电站在运行过程中会产生各种机械声音，通过机器听觉技术可以对这些声音进行实时监控。部署在电站各处的麦克风捕捉声音信号，通过声谱图特征分析，智能识别设备运行中的异常声音，如摩擦声、撞击声等，从而及时发现潜在的设备故障。通过安装在关键设备上的高清摄像头，实时捕捉设备运行时的图像数据。利用机器视觉智能感知技术，对视频流进行分析，检测设备是否存在异常情况，如设备部件的松动、磨损、过热等。

（2）环境安全监测。电站的环境安全同样重要，包括火灾、水浸、非法入侵等潜在风险。机器视觉系统在此场景中通过分析监控画面，识别异常行为或现象。例如，火焰检测算法能够快速识别火源并发出警报，而烟雾检测则能够在火灾初期及时预警。

（3）设备巡检与维护。传统的设备巡检依赖人工定期检查，耗时且效率较低。机器听觉和视觉技术的应用，使得自动化巡检成为可能。在抽水蓄能电站，通过部署智能巡检机器人或无人机，搭载视觉和听觉传感器，实现对设备和环境的全面巡检。机器人或无人机按照预设路径移动，自动收集数据，并通过智能分析及时发现问题。

（4）实时预警与应急响应。电站运营过程中，实时监控和快速响应是保障安全的关键。机器听觉和视觉系统能够实现实时数据采集和分析，一旦检测到异常情况，系统立即发出预警，并自动启动应急预案。例如，当视觉系统检测到设备过热时，可以自动调整设备的运行参数或关闭相关系统，以防止故障扩大。

在抽水蓄能电站的日常运营中，机器听觉和视觉巡检技术的应用不断推进，结合开关量和模拟量数据分析，不断助力巡检模式的升级，"量得准、听得见、看得着"正成为电站运维的现实。

3.5.2　实现方法

水电机组在运行过程中会产生各种各样的噪声，引起噪声的原因有很多，大致有机械、水力和电气三种主要因素。

机械振动噪声是水电机组运行过程最多和最常见的噪声来源。机械设备碰撞摩擦导致异常振动，是机械噪声产生的原因。水电机组在制造、安装过程中，发电机转子、水轮机转轮等主要部件不可避免地存在质量不均匀、加工和组装偏差等缺陷。在机组运行时，部件质量偏心会使旋转转子产生离心力作用，挤压轴瓦和机架，引起碰撞和摩擦，从而产生振动和噪声。除此之外，固定部件的松动也会引起振动，从而产生噪声。机械振动噪声的频率通常比较低，但是频谱分布比较广。

水力因素，包括空化、尾水管涡带、卡门涡、叶道涡等均会引起振动和噪声。其中空化噪声的特征是低频段宽带，并随距离增加快速衰减；尾水管噪声通常发生在低负荷段；卡门涡多发生于高负荷段，且频率较高；叶道涡的频率与机组频率一致。

电气因素引起的噪声，典型地包括发电机在交变磁场的影响下引发电磁振动，从而产生噪声。电磁噪声以 100Hz 或 100Hz 的整数倍为主。此外，发电机局部放电也会产生噪声，局部放电的噪声为高频宽带，频率通常在 1000Hz 以上。

水电机组的噪声由机械、水力、电气等因素产生，或者是多方面原因的耦合作用引起，这就使得水电机组噪声信号较为复杂。但是不同原因引起的噪声其频率特性不同，所以可以通过对噪声频率的分析，对噪声信号进行分离，判断噪声产生的原因及故障点。

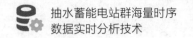
3.5.2.1　机组噪声与运行数据的相关性分析

机组在运行过程中会产生各种各样的声音，机组状态的劣化以及故障的发生通常都伴随有异响，因而噪声也能反映设备状态。机组运行过程中的声音的形态和运行数据（如振动、摆度、压力脉动、工况参数等）具有强关联性，表现出正相关、负相关或者在某些特征（如主要频率成分）上有明显的对应关系。

（1）噪声和振动幅值的正相关性。具体表现为当振动幅值增大，对应部位的噪声往往也会增大。

（2）噪声和振动频率的相关性。频率是振动和噪声的固有特性。不同部位、不同原因产生的振动具有特定的频率特性。如松动导致的振动以 1 倍频或 2 倍频为主，电磁振动则以 100Hz 或 100Hz 的整数倍为主。根据频率特性可以对振动进行故障分析和定位。相应地，不同原因引起的振动产生的噪声也具有其典型的频率特性，如电磁振动引起的噪声其主要频率通常也表现为 100Hz 或 100Hz 的整数倍。

（3）压力脉动和噪声的相关性。压力脉动反映了水轮机流态的稳定性。压力的波动特征通常也通过幅值和频率来表示。和振动类似，噪声和压力脉动的幅值也有明显的正相关性，当压力脉动增大，相关部位的噪声水平也会升高。同时，流态中的典型波动也有其明显的频率特性。如涡带的频率为转频的 $1/3 \sim 1/2$ 倍频；卡门涡多发生于高负荷段，有其特定的频率范围；叶道涡的频率与机组频率一致等。相应地，流态波动产生的噪声也有对应的频率特性，比如卡门涡噪声频率和脉动频率便具有一致性。

（4）电气参数和噪声的相关性。发电机的电气故障，通常通过电气参数，如电流、电压等进行监测。同时，某些电气故障在噪声上也有反映，比如局部放电产生的噪声，其频率通常为 1000 ~ 6000Hz，噪声幅值和局放幅值具有正相关性。通过噪声的监测，也能反映发电机的状态异常。

（5）运行工况和噪声的相关性。水轮发电机组为多工况运行，不同工况下其状态不同，这种状态上的差异在振动、摆度、压力脉动等参数上有反映，在噪声上也有明显特征。

对于抽水蓄能机组而言，由于启停机频繁，工况变换复杂，诸如大幅度增减负荷、发电转调相等，机组均存在不同程度的噪声、振动异常。根据监测部位的不同，机组噪声呈现特异性规律，从声强度上分析，靠近水轮机部位的噪声特性与机组运行工况具有紧密的联系，与机组振动、压力脉动、效率特性等基本吻合，发电机风洞则以电磁噪声和机械振动噪声为主，对健康运行机组来说风洞噪声在不同运行工况下相差不大。

3.5.2.2 点面结合的异常噪声立体化辨识

基于运行数据的"点"状态识别具有局限性。水电机组的运行性能评价通常包括效率、稳定性和空化空蚀三大指标，其中效率主要考核机组对水能转换的能力；稳定性主要包括振动、摆度、水压脉动和噪声等信号特征，它们关系到整个水电设备的运行安全；空化空蚀性能决定了水轮机转轮的运行寿命。传统状态监测系统对振动、摆度、压力脉动、空气间隙等进行"点"测量，能够准确捕捉被测部位的状态特征。从系统失效特性来说，无论是水力故障、机械故障、电磁故障等对于机组设备的作用大都是整体性的。单测点模型只反映单测点的变化，无法考虑监测量的空间分布因素，不能完整反映监测对象的状态，具有一定局限性。多测点模型虽然可以引入空间坐标变量，将原单测点模型发展到线和面的分布模式，也只能一定程度上弥补单测点方式的不足，同时也存在明显的成本边际。此外，转动部件和密封部件，如转子、转轮等由于无法安装传感器，形成了状态监测的盲区。这些盲区的存在，不利于全面掌握机组状态，是机组长期稳定运行的不可控因素。这些都是传统状态监测系统存在的不足。

采用基于噪声和运行数据的点面结合的异常噪声立体化识别技术。

水轮机组噪声也是其状态的重要表征，噪声可以从"面"上对整个立体空间进行监测，辐射面更广。噪声信号是机组运行时的产物，蕴含着设备运转过程中与设备状态有关的信息。噪声具有空气传播和衍射特性使其容易采集，能够检测到机组内部，尤其是能够监测转动部件（转子、转轮）和密封部件。机组运行过程中的电磁振动、机械振动和其他运行特性对应噪声都有非常鲜明的特点，能反映设备动作和部件的特征信息，易于发现早期故障。因此，噪声

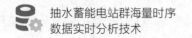

监测能够有效消除监测盲点，提高监测的全面性。

同时，由于噪声和机组运行数据（振动、摆度、压力脉动、运行工况等）的相关性，可以通过噪声从"面"上捕捉设备异常，再通过运行数据从"点"上进行分析和验证，各种数据互相佐证，实现异常噪声的立体化识别。

声音识别的过程如图 3 – 10 所示。

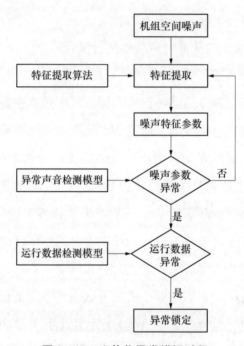

图 3 – 10　立体化异常辨识过程

（1）通过声音传感器捕捉机组空间噪声，如发电机风洞、水车室、过流部件等部位的噪声。针对不同的系统和设备，根据其噪声特点，有选择地采用非接触式或接触式传感拾音，确保声音采集效果。例如水车室、机组制动控制柜的声音主要来源于水轮机，发声声源位置明确，但发声部件在设备运行过程持续转动，不便于使用接触式声音传感，选用非接触式传感；球阀、主变压器、风机、循环油泵等采用接触式拾音传感。

（2）通过基于 FFT 的噪声特征提取算法以及基于灰度共生矩阵的声压场特征提取算法，计算噪声特征参数。

（3）根据噪声异常分析模型检测噪声特征参数是否存在异常。

（4）如果噪声存在异常，对关联的运行数据，如振动、摆度、压力脉动、空气间隙、局部放电以及工况参数等进行检测。

通过运行数据确定异常位置，实现从"面"检测到"点"定位的立体化辨识。

水电机组的噪声反映了设备的状态。水电机组噪声产生的激励源多，频率分布广，互相干扰强，采用基于灰度共生矩阵方法进行噪声特征提取。

噪声和设备运行数据密切相关，噪声监测能够消除传统监测系统的盲区，通过噪声参数和运行数据的融合建模，提升诊断模型的覆盖面和结论的正确性。

建立相应的噪声模型，包括发电机电磁噪声过大、涡带工况运行、定子铁芯叠片松动、活动导叶异物卡塞等，见表 3 - 11。

表 3 - 11　　　　　　　　　　　　　　噪声模型

噪声模型	所需信息	模型机理	诊断原理和逻辑	定位逻辑
发电机电磁噪声过大	发电机风洞 $+X$、$+Y$、$-X$、$-Y$ 向噪声，有功功率	电磁噪声的频率成分主要以 100Hz 或 100Hz 的整数倍为主，当机组带负荷运行时，如果噪声超标，可以通过分析噪声的频率成分确定是不是电磁噪声引起	有功功率大于 5MW，且发电机风洞 $+X$、$+Y$、$-X$、$-Y$ 向噪声至少有 1 个超过预警值，噪声频率成分以 100Hz 或 100Hz 的整数倍为主	当诊断电磁噪声过大时，通过噪声场强度分布图与气隙、局放、铁芯振动、线棒振动等参数的变化特性精准定位故障源
涡带工况运行	尾水进人门噪声，尾水管进口压力脉动、有功功率	机组在涡带工况运行时，尾水进人门处噪声明显增大，尾水管进口压力脉动频率中含 1/3 ～ 1/2 倍频成分	有功功率大于 5MW，且尾水管进人门噪声声压级 dB（L）比额定工况大 3%，尾水进口压力脉动频率成分以 1/3 ～ 1/2 倍频为主	

续表

噪声模型	所需信息	模型机理	诊断原理和逻辑	定位逻辑
定子铁芯叠片松动	发电机风洞 +X、+Y、−X、−Y 向噪声，有功功率、定子铁芯振动	定子铁芯松动时，其振动频率以 100Hz 为主，发电机风洞噪声超标且频率以 100Hz 或 100Hz 的整数倍为主	有功功率大于 5MW，且定子铁芯振动频率成分以 100Hz 为主，定子铁芯振动 100Hz 幅值预警，发电机风洞噪声频率成分以 100Hz 或 100Hz 的整数倍为主	
活动导叶异物卡塞	水车室噪声、蜗壳进人门噪声、水导摆度、导叶与转轮间压力脉动	机组在正常运行过程中活动导叶被异物卡塞时，水车室和蜗壳进人门噪声、水导摆度以及导叶与转轮间压力脉动会发生突变	转速和功率稳定，且水车室或蜗壳进人门噪声跳变超过3%，水导摆度转频幅值和相位发生突变，其中幅值增大幅度超过10%，活动导叶和转轮间压力脉动突变幅度超过10%	

3.5.2.3　机器视觉辨识

机器视觉辨识的实现中，优化自注意力目标检测技术和关键点矫正技术，再结合几何先验技术判断设备的外观特征等，使视觉辨识能够达到实用化的要求。

自注意力目标检测技术是指利用自注意力机制实现目标检测的技术。自注意力机制是一种新兴的神经网络技术，它可以使神经网络根据输入数据的不同部分自动调整权重，从而实现更加有效和准确的处理。将自注意力机制应用于目标检测中，其中自注意力机制可学习到每个目标区域之间的关联性，从而在不同尺寸、姿态和复杂背景下提高目标检测的准确率，还可以减少对背景信息和噪声的敏感度，提高模型的鲁棒性和泛化能力。

在分析模型中使用 SE 注意力机制。SE 注意力机制是通道注意力中的一种即插即用的注意力机制模块，它会对不同通道分配各自的权重，从而使得各个通道有优劣之分，让模型对信息量最大的 channel 特征更加关注，同时减少对不重要的 channel 特征的注意力。其实现过程主要分为下面三部分：

（1）压缩（Squeeze）：对特征图进行全局平均池化。[nn. AdaptiveAvgPool2d (1)]，使得每个通道的二维特征（$H \times W$）被压缩为 1 个实数，特征图大小从 $[h, w, c]$ 被调整为 $[1, 1, c]$，因此能够得到 channel 级别的全局特征。

（2）激活（Excitation）：给每个特征通道初始化一个权重值，并通过两个全连接层来构建通道间的相关性，输出的权重值数目和输入特征图的通道数相同。将特征图大小从 $[1, 1, c]$ 调整为 $[1, 1, c]$，学习各个 channel 间的关系，也得到不同 channel 的权重。

（3）权重缩放（Scale）：将前面得到的归一化权重作用到每个通道的特征上，进行缩放，即通道乘以权重系数（$[h, w, c] \times [1, 1, c]$），所以最后特征图大小仍恢复到 $[h, w, c]$。

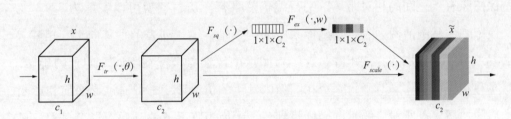

图 3 – 11   SE 注意力机制模块的实现流程

在特征提取网络的基础上于末端增加 SE 模块，从而使得主干特征网络提取的特征信息先得到 SE 模块进一步的注意力机制处理，然后用于后续的检测头的处理。

关键点矫正技术针对的问题主要是物体姿态变化，即当物体发生旋转和平移时，它在图像采集时的位置、角度与大小都会发生改变。矫正技术能够有效地将物体进行矫正，在保证正确性的基础上，优化特征点的数量和位置，以此提高矫正算法的效率和精度，使得矫正后的图片能够更好地适应于机器视觉辨识算法的需要，关键点矫正技术的具体内容有以下几点：

（1）特征点提取。通过对图像进行分析和特征点的提取来抓住物体的形态信息和轮廓信息，以此帮助机器更好地辨识物体。

（2）矫正算法。对于不同的物体，矫正算法也会有差异，常见的矫正算法包括重心法、极大值法、极小值法和边界法等。

（3）姿态估计。姿态估计是机器视觉辨识技术中一个非常重要的环节，它可以通过对物体旋转角度和平移坐标的估计，从而实现对图片进行校正的目的。

视觉目标由于拍摄角度等种种原因造成倾斜或形变的过程，从本质上看，都可以等价于从规范矩形到形变矩形的一个坐标变换。这种变换可能是线性的也可能是非线性的，但是在大多数情况下，可近似地将该坐标变换看作是一个仿射变换（AffineTransformation），可以用下公式描述

$$\begin{bmatrix} x' \\ y' \\ 1 \end{bmatrix} = \begin{bmatrix} r_{11} & r_{12} & t_x \\ r_{21} & r_{22} & t_y \\ 0 & 0 & 1 \end{bmatrix} \begin{bmatrix} x \\ y \\ 1 \end{bmatrix} \rightarrow I_a = R \times I_o$$

仿射变换是一种线性变换，可以将一个平面上的点映射到另一个平面上，保持原有点之间的相对距离、平行线仍然平行。仿射变换可以表示为 3×3 变换矩阵，其中前两列表示新坐标系中的两个轴，第三列表示平移向量。矩阵 R 表示仿射变换矩阵，该矩阵包含了对图像中像素点坐标在不同方向上的旋转、平移和拉伸操作。对于每一个在图像中发生的仿射形变，可通过形变前和形变后同一像素点所对应的不同坐标找到一个变换矩阵 R 来表述整个形变过程。再通过 R 的逆矩阵把发生仿射形变后的图像精确还原成形变前的图像。

在很多视觉任务中，几何先验技术都发挥着重要的作用，例如目标检测、图像分割、结构光重建等。几何先验技术是计算机视觉领域中常用的一种技术，基本思想是利用先验知识来指导算法的学习和推理过程，并提高算法的鲁棒性和精度。

几何先验技术可以分为：

（1）形状先验。形状先验是指对待检测对象的形状进行建模，以指导算法对目标进行检测或分割。常见的形状先验包括基于曲线的模型、基于几何体的模型等。形状先验可以指导算法在复杂背景中更好地分离目标，提高目标检测或分割的精度。

（2）运动先验。运动先验是指对待检测对象的运动进行建模，以指导算

法对目标进行跟踪或估计。常见的运动先验包括基于物理模型的运动模型、基于统计模型的运动模型等。运动先验可以指导算法在视频序列中更好地跟踪目标，提高跟踪精度和鲁棒性。

（3）姿态先验。姿态先验是指对待检测对象的姿态进行建模，以指导算法对目标进行姿态估计或姿态恢复。常见的姿态先验包括基于模型的姿态模型、基于统计模型的姿态模型等。姿态先验可以指导算法在复杂场景中更好地估计目标的姿态，提高姿态估计或恢复的精度。

（4）约束先验。约束先验是指对待检测对象的各种约束进行建模，以指导算法对目标进行检测、分割、跟踪、估计等。常见的约束先验包括基于物理约束的模型、基于统计分布的模型等。约束先验可以指导算法在特定场景下更好地完成任务，提高算法的鲁棒性和精度。

实际分析中主要利用潜在目标区域的几何位置信息，长宽阈值先验，角点阈值先验，目标区域面积阈值先验，矩形区域内目标像素个数占比阈值先验，置信度阈值先验知识进行综合识别判断，以排除阴影区域造成的错误检测。图形判别流程如图 3 - 12 所示。

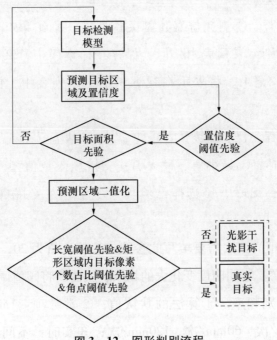

图 3 - 12　图形判别流程

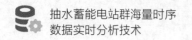
通过引入一定的先验知识对分析任务进行简化，定义能够更客观判断设备外观变形的视觉现象及特征，并设计相应的算法识别该特征，保存设备正常状态下的外观图像，算法可以持续地监控设备外观是否与正常状态外观存在较大差异，从而判断设备外观是否异常。

3.5.3 实例解析

配置视觉巡检测点和算法，包括以下参数：

（1）测点名称。

（2）算法名称。支持选择多种算法，包括指示灯识别［发电机］、指示灯识别［配电盘］、指示灯识别［小灯］、指示灯识别［矩形灯］、仪表盘读数［配电盘］、仪表盘读数［气罐］、隔离开关指示器、人识别、柜门、漏气、烟雾、火焰、漏水、漏油、杂物等。

（3）启用算法。①启用算法：向网关下发巡视指令，调用摄像头巡视对应预置位，并启用算法进行识别；②停用算法：向网关下发停止指令，停止调用摄像头和算法识别。

（4）是否屏蔽。①启用屏蔽：网关返回的识别结果/记录，将被屏蔽，不展示在视觉识别结果列表中，但会保存在样本库中；②停用屏蔽：网关返回的识别结果/记录，将展示在视觉识别结果列表中，同时保存在样本库中。

（5）表计量程。仪表盘读数［配电盘］、仪表盘读数［气罐］算法需要填写此参数。包括：①最小值、最大值：支持填入数值型，含小数、整数、负数等；②单位：支持下拉选择已填写的单位，亦支持自定义输入文字/字符。

（6）阈值。柜门算法需要填写此参数。①默认值为 20，默认值可在参数配置页面进行设置；②明暗度变化大的场景，就需要将阈值调大。

（7）算法识别频率。①算法的默认值；②常数项：1min/次、5min/次、10min/次、30min/次、60min/次、120min/次；③实时：不间断的识别；④自定义：支持自定义频率间隔、选择频率单位，频率单位有 s/次、min/次、h/次。

听觉巡检配置，包括听觉测点配置和听觉算法配置。

听觉测点配置包括听觉测点 id、听觉测点名称、关联拾音器、关联台账设备、关联空间位置。

在听觉测点配置完成后，配置相关联的听觉算法。听觉算法的配置包括：

(1) 算法名称。

(2) 是否启用。启用算法识别、不启用算法识别。

(3) 屏蔽算法。返回的识别结果/记录，将被屏蔽，不展示在听觉识别结果列表中，但会保存在样本库中。

(4) 算法识别频率。①算法的默认值；②常数项：1min/次、5min/次、10min/次、30min/次、60min/次、120min/次；③实时：不间断的识别；④自定义：支持自定义频率间隔、选择频率单位，频率单位有 s/次、min/次、h/次、天/次。

听觉和视觉分析依据配置执行。

图 3 - 13 中分别识别出水（识别率 0.938）、油（识别率 0.998）、气雾（识别率 0.941）。时序分析过程中，声音和视觉识别的结果被融合到设备参数告警处理。

图 3 - 13　现场图片
(a) 识别出水；(b) 识别出油；(c) 识别出气雾

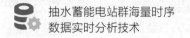

3.6
本章小结

　　本章探讨数据智能巡检技术在抽水蓄能电站的应用，介绍了多种基于时序数据实时分析的智能巡检技术和应用，包括设备状态一致性分析、设备动作同步性监测、测点越限告警监测、机器听觉和视觉巡检等。

　　在设备状态一致性数据巡检方面，提出了前向判定和后向判定两种方法，通过时序数据分析，实现了对设备状态的实时监控和告警，有效提高了状态判定的效率和准确性。介绍了设备动作不同步的统计和异常判断方法，通过分析设备组成部分的时序动作信号，能够及时发现并处理设备动作同步性问题。

　　测点越限告警监测作为智能巡检系统的重要组成部分，通过对电站运行参数的实时监测，确保电站的安全和效率。描述了越限告警的实现方法和实例，展示了如何通过设置高限值、低限值和超限持续时间等参数，对模拟量进行有效监控。

　　本章还对机器听觉和视觉巡检技术进行了全面介绍。机器听觉技术通过分析设备运行声音，识别异常声音，从而实现对设备运行状态的实时监控。而机器视觉技术则利用图像识别算法，对视频数据进行智能分析，识别设备外观异常、环境安全问题等。

　　智能巡检需要利用多类型、多源时序数据，对抽水蓄能电站的设备和水工建筑物进行高效的运维巡检。通过实时分析常规量测数据和多媒体监测数据，系统能够快速发现并预警设备缺陷和异常，从而提前采取措施，避免潜在的安全风险。

第**4**章

缺陷与故障实时
分析技术

基于缺陷和故障分析需求，时序数据分析以多系统时序数据为分析数据源，从长维度时序数据中发现设备可能存在的缺陷及故障。通过分析设备启停频次、设备运行时长、设备多组成部件动作不同步率，以及针对设备相关测点进行模拟量趋势分析等，可提前发现设备的隐性缺陷或故障。

4.1
业务需求分析

在抽水蓄能电站设备缺陷和故障管理实践中，基于时序数据对源自多业务系统的开关量测点进行长时段分析，以及模拟量趋势分析，是提前发现设备隐性缺陷或故障的重要手段。典型的分析需求包括：

（1）设备启停频次分析和运行时长监测。随着新能源的大规模接入，设备承担了更多的调峰调频任务，导致启停频次迅速攀升。频繁启停对设备安全性构成挑战，可能导致设备故障和寿命损耗。设备运行时间的长短直接影响其完好率和利用率。设备利用率可以通过计算设备实际使用时间占计划用时的百分比来评估，是反映设备工作状态及生产效率的技术经济指标。对设备启停频次、运行时长进行分析统计并配置预警规则，能够更好地维护设备的运行状态。

（2）设备多组成部件动作不同步率。大型设备包含多个组成部件，在执行特定的动作时，各组成部件的同步性能够反映出设备是否存在缺陷或故障。

（3）模拟量趋势分析。通过对设备测点的模拟量进行趋势分析，可以识

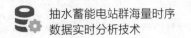
别出设备的运行趋势和潜在问题。例如，通过时间同步平均法和包络频谱分析，可以从变速箱的振动信号中分离出特定轴或齿轮的振动分量，并平抑掉所有其他分量，从而识别局部故障。

通过对设备启停频次、运行时长、多组成部件动作同步性的监测，以及模拟量的趋势分析，能够更加精准地监控和管理设备状态，提前发现设备的隐性缺陷或故障，从而采取预防性维护措施，避免故障的发生，提高电站的运行效率和安全性。

4.2
设备启停频次与运行时长实时分析

4.2.1 场景描述

设备在一个时间段内启停的次数构成设备启停频次。设备启动和停止信号的采集是抽水蓄能电站监控系统中的一项关键任务，采集到的数据形成时序数据，通过数据汇集任务导入到时序数据分析环境。对设备的启停信号进行分析，能够理解设备的运行状况、优化维护计划和预测潜在故障。

启停频次是指在特定时间段内设备启动和停止的次数。通过统计在一定时间内所有检测到的启动事件和停止事件，可以计算出设备的启停频次。运行时长是指设备在两次连续启停事件之间实际工作的时间长度。通过记录每次启动和停止的时间点，计算两次连续启动事件之间的时间差，得到单次运行时长。将所有运行时长累加，可以得出总运行时长。记录统计每次待分析设备（流程）从一个状态到另一个状态所需的时间，当时长（间隔）少于或超过设定值时发告警。

在进行设备启停频次和运行时长分析的同时，还可对设备动作时长、间隔进行统计。设备动作是指设备从一个状态到另一个状态的变更过程。设备动作时长，指设备开始动作到动作结束的持续时间。设备动作间隔，指每两次设备动作之间的间隔时间。通过判断在短时内指定开关量信号 01 和 10 至少各出现一次，判断得出是否发生信号抖动的现象。

4.2.2　实现方法

待监测的设备通过抽水蓄能电站生产领域建模构建，进行计算配置时，根据设备模型选取目标对象。

设备启停频次、运行时长及相关动作时长分析的原理为：

（1）按时序记录待监测设备动作相关的状态开关量及状态对应值（0 或 1、0 到 1 或 1 到 0）。

（2）按计算规则对状态开关量及状态对应值进行分析计算。

（3）剔除无效的状态开关量及状态对应值。例如开关量 a 的状态值从 0 变为 1 标志为一次设备动作，实际收到的开关量 a 的时序状态值依次为：0、1、0、0、1，那么剔除状态没有发生改变的无效状态值后，即是：0、1、~~0~~、0、1（中间未发生变化的一个 0 值从队列中删除）。

（4）动作时长统计分析。在同一次设备动作中，使用动作结束时间（开关量 a 的状态值为 1），减去动作开始时间（开关量 a 的状态为 0）。如果得到的设备动作时长大于高限值或低于低限值，则发出告警。

（5）动作间隔统计分析。在相连的两次设备动作中，使用设备后一次动作开始时间（开关量 a 的状态值为 0），减去前一次的动作结束时间（开关量 a 的状态为 1），如果得到的设备动作间隔大于高限值或低于低限值，则发出告警。

（6）动作次数统计分析。在时间段内，累计有效状态值 1 的出现次数为 m；如果在时间段内，开关量 a 的第一个有效状态值为 0，那么设备动作次数为 m；如果在时间段内，开关量 a 的第一个有效状态值为 1，那么设备动作次数为 $m-1$。

（7）在时间段内，通过动作次数 n、n 次动作时长（间隔）、权重等，计算平均值、累加值、标准差、加权指标等。

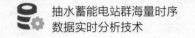
首先基于策略模板，针对待判定设备配置相应的分析策略。策略模板中，定义了配置和执行相应判定规则所需的配置类与计算管道。

配置类中定义了"设备（流程）动作时长、间隔、次数统计分析"所需的所有参数及定制化的配置界面，可引导用户完成相应分析策略的配置。

计算管道是基于 Flink 开发的，是针对固定策略模板、固定结构数据的策略（数据）解释、执行器。它通过各类型算子的封装和连接，构建了一个高效、灵活且准确地计算管道，例如 Kafka 源算子负责从 Kafka 主题中拉取数据。

Kafka 源主题中的数据是适用于规则计算的基础数据，这些数据通过数据集成任务输入。基于计算规则的配置，数据集成任务从指定的时序库中，拉取规则相关的测点时序数据，再附加上规则 id、规则 Aviator 表达式等信息，重构为一个固定数据格式的数据列，输入到 Kafka 主题中，作为规则计算的流式数据源。

分析策略解释、执行的关键有：

（1）拆分监测信号，获取监测信号的标签、表达式，执行表达式，判断信号是否成立。

配置好的分析策略，其监测信号配置，经数据集成任务转化为 JSON 对象格式的数据，进入计算管道，格式如下：

```
{
    "tag1":"表达式 1",
    "tag2":"表达式 2"
}
```

其中的"表达式 1""表达式 2"，即是转换为 Aviator 表达式进行计算的计算规则。例如一个设备的动作相关测点为"PGC. GZXB. GTU5G. MFA. MFL10. RTU1_DIN128"，设备动作的开始、结束信号可表示为：

```
{
    "开始":"test(lambda(e) - >str(e. state) == 'open' || toLong
(e. state)==1 end,json. object(states. getMapState('mp_states',
'ru_Q7K2PD00000C#PGC. GZXB. GTU5G. MFA. MFL10. RTU1_DIN128')))",
    "结束":"test(lambda(e) - >str(e. state) == 'close' || toLong (e.
state)==0 end,json. object(states. getMapState('mp_states',
'ru_Q7K2PD00000C#PGC. GZXB. GTU5G. MFA. MFL10. RTU1_DIN128')))"
}
```

在"开始"信号的描述中，表达式中的 states. getMapState 是函数，它的功能是从指定名称的状态存储器中取出指定键对应的值。mp_states 是键值型状态存储器的名称，其中存储了当前测点专用于当前规则的最新数据，ru_Q7K2PD00000C#PGC. GZXB. GTU5G. MFA. MFL10. RTU1_DIN128 是键，其格式为"规则 id#测点 id"。

lambda（e）也是一个函数，它的功能是接受参数 e（states. getMapState 函数的返回结果），并将其传递给" - >"指向的"str（e. state） == 'open' || toLong（e. state） ==1"表达式进行计算，"end"表示计算结束。

"开始"信号的计算规则表达式的整体含义即是：从 mp_states 状态存储器中，取出键"ru_Q7K2PD00000C#PGC. GZXB. GTU5G. MFA. MFL10. RTU1_DIN128"对应的测点最新数据，如果测点最新数据的 state 值等于"open"或者"1"，则返回 true（监测信号成立），否则返回 false（监测信号不成立）。

在 Flink 计算管道中，会对 JSON 对象格式的监测信号进行拆分。例如针对"开始""结束"两个监测拆分后，数据条目将变为两条。分别对拆分后的监测信号表达式进行计算。如果返回 true，表示当前数据条目满足条件，产生监测信号。

需要注意的是，同一数据条目必定只能使一个监测信号成立（"开始"或"结束"只能有一个成立）。因此虽然依据监测信号的数量复制了多条数据，但经过计算最终保留的最多只有一条数据。

（2）拆分计算条目，获取计算条目的标签、类型。

配置好的分析策略，其实时计算配置经数据集成任务转化为 JSON 数组格式进入计算管道，其中每一个元素均是一个 JSON 对象（计算条目），包含属性：startTag（开始标签）、endTag（结束标签）、tag（标签）、enableLatest（启用最新信号）、lower（下限值）、upper（上限值）。例如：

```
[
    {
        "startTag":" 开始",
        "endTag":" 结束",
        "tag":" 动作时长",
        "enableLatest": false,
        "lower": 30,
        "upper": 100
    },
    {
        "startTag":" 结束",
        "endTag":" 开始",
        "tag":" 动作间隔",
        "enableLatest": false,
        "lower": 30,
        "upper": 100
    }
]
```

在 flink 计算管道中，将对 JSON 数组格式的实时计算配置进行拆分。拆分出来的计算条目有几个，当前数据条目就会复制出几个。例如拆分出计算"动作时长""动作间隔"的两个条目，那么拆分后，一条数据将变为两条，其区别就在于要计算的指标不同。

拆分出的每条计算数据，再通过其键名获取相应的计算配置，如通过"tag"键，获取计算的结果类型为"动作时长"。这些计算配置将分别存储到数据条目相应的字段中。

（3）判断当前数据条目是否是结束信号，然后计算数据是否抖动、越限。

在前面的处理中，已取得监测信号标签，如"开始""结束"。同时也获得了计算条目，内含"endTag"等配置。如果监测信号标签的值等于计算条目中"endTag"的值，那么就表明当前数据条目是结束监测信号。

如果当前数据条目是结束信号，继续从 signal_states 信号存储器中，依据键获取开始信号。键的格式是："策略 id + 计算配置的 startTag 标签 + 计算配置的 tag 标签"。

根据数据计算指标结果，如"动作时长"就等于当前数据条目的时间减去开始信号的时间。

将计算结果与计算条目中的"shakeTimeGap"（抖动值）进行比较，如果小于抖动值，则标记为发生抖动。将计算结果与计算条目中的"lower"（越下限值）进行比较，如果小于越下限值，则标记为越下限。将计算结果与计算条目中的"upper"（越上限值）进行比较，如果大于越上限值，则标记为越上限。

以上这些判断结果，都存储在数据条目相应的字段中。

（4）过滤出越限数据，构建告警消息。

依据存储越限标记的字段过滤出越限数据，并从中提取所需字段，如时间、测点、时差等，再结合部分常量信息，如消息类型为"Event"等，构建告警消息。

构建好的告警消息，将被写入 Kafka 目标主题。由 Kafka 推送至消息中心，关注该类告警的应用可通过订阅方式获取到相应的告警。

4.2.3 实例解析

时序数据分析环境中设定的策略模板命名为"设备动作时长、间隔、次数统计分析"。

输入参数为：

（1）待监测设备（流程）初始状态开关量及状态对应值（0 或 1、0 到或 1 到 0，设置选择项），多项（n）；

（2）待监测设备（流程）结束状态开关量及状态对应值（0 或 1、0 到 1

或 1 到 0，设置选择项），多项（n）；

（3）输出结果类型（运行时长、运行间隔、启动次数），多项（n）；

（4）抖动设定值，多项（n）；

（5）输出结果类型确定后设置高限值和低限值（带 > 或 < 选择项），多项（n）；

（6）输出结果统计值类型（平均值、累加值、标准差、加权指标），多项（n）；

（7）时间段选择（每天、每周、每月等）。

输出参数为：

（1）输出结果类型（运行时长、运行间隔、启动次数），多项（n）；

（2）抖动设定值，多项（n）；

（3）输出结果类型确定后设置高限值和低限值（带 > 或 < 选择项），多项（n）；

（4）输出结果统计值类型（平均值、累加值、标准差、加权指标），多项（n）；

（5）时间段选择（每天、每周、每月等）。

表 4 - 1 是某抽水蓄能电站"3 号机组主变压器冷却器空载出水管电动截止阀关闭时长分析"策略的输入配置。

表 4 - 1　　　　　　　　　　　动作时长策略配置

监测信号		
名称	测点标识	状态（区间）设置
开始	PGC. SZX. GTU3G. BAT. BAT10. G3_DIN324	复归
结束	PGC. SZX. GTU3G. BAT. BAT10. G3_DIN323	动作
策略配置					
startTag	endTag	输出结果类型	高限值	低限值	抖动值
开始	结束	运行时长	5	2	1

表 4 – 2 是在运期间用于分析判定的一段时序数据序列。

表 4 – 2　　　　　　　　动作时长分析数据序列

序号	时间	源系统 id	名称	状态	来源
1	2024 – 06 – 09 21：31：54. 237	PGC. SZX. GTU3G. BAT. BAT10. G3_DIN324	3 号机组主变压器冷却器空载出水口电动截止阀（3PAC17 AA893）全开	1（动作）	监测信号
2	2024 – 06 – 09 21：31：48. 961	PGC. SZX. GTU3G. BAT. BAT10. G3_DIN323	3 号机组主变压器冷却器空载出水口电动截止阀（3PAC17 AA893）全关	0（复归）	监测信号
3	2024 – 06 – 09 14：24：22. 346	PGC. SZX. GTU3G. BAT. BAT10. G3_DIN323	3 号机组主变压器冷却器空载出水口电动截止阀（3PAC17 AA893）全关	1（动作）	监测信号
4	2024 – 06 – 09 14：24：17. 704	PGC. SZX. GTU3G. BAT. BAT10. G3_DIN324	3 号机组主变压器冷却器空载出水口电动截止阀（3PAC17 AA893）全开	0（复归）	监测信号
5	2024 – 06 – 09 12：16：05. 149	PGC. SZX. GTU3G. BAT. BAT10. G3_DIN324	3 号机组主变压器冷却器空载出水口电动截止阀（3PAC17 AA893）全开	1（动作）	监测信号
6	2024 – 06 – 09 12：16：01. 168	PGC. SZX. GTU3G. BAT. BAT10. G3_DIN323	3 号机组主变压器冷却器空载出水口电动截止阀（3PAC17 AA893）全关	0（复归）	监测信号

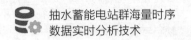
续表

序号	时间	源系统 id	名称	状态	来源
7	2024 - 06 - 09 08：57：35.897	PGC. SZX. GTU3G. BAT. BAT10. G3_DIN323	3 号机组主变压器冷却器空载出水口电动截止阀（3PAC17 AA893）全关	1（动作）	监测信号
8	2024 - 06 - 09 08：57：31.084	PGC. SZX. GTU3G. BAT. BAT10. G3_DIN324	3 号机组主变压器冷却器空载出水口电动截止阀（3PAC17 AA893）全开	0（复归）	监测信号
9	2024 - 06 - 09 07：46：30.996	PGC. SZX. GTU3G. BAT. BAT10. G3_DIN324	3 号机组主变压器冷却器空载出水口电动截止阀（3PAC17 AA893）全开	1（动作）	监测信号
10	2024 - 06 - 09 07：46：26.324	PGC. SZX. GTU3G. BAT. BAT10. G3_DIN323	3 号机组主变压器冷却器空载出水口电动截止阀（3PAC17 AA893）全关	0（复归）	监测信号
11	2024 - 06 - 09 02：12：08.145	PGC. SZX. GTU3G. BAT. BAT10. G3_DIN323	3 号机组主变压器冷却器空载出水口电动截止阀（3PAC17 AA893）全关	1（动作）	监测信号
12	2024 - 06 - 09 02：12：04.144	PGC. SZX. GTU3G. BAT. BAT10. G3_DIN324	3 号机组主变压器冷却器空载出水口电动截止阀（3PAC17 AA893）全开	0（复归）	监测信号

序号	时间	源系统 id	名称	状态	来源
13	2024 - 06 - 08 21：38：41. 389	PGC. SZX. GTU3G. BAT. BAT10. G3_DIN324	3 号机组主变压器冷却器空载出水口电动截止阀（3PAC17 AA893）全开	1（动作）	监测信号
14	2024 - 06 - 08 21：38：37. 263	PGC. SZX. GTU3G. BAT. BAT10. G3_DIN323	3 号机组主变压器冷却器空载出水口电动截止阀（3PAC17 AA893）全关	0（复归）	监测信号
15	2024 - 06 - 08 14：11：43. 884	PGC. SZX. GTU3G. BAT. BAT10. G3_DIN323	3 号机组主变压器冷却器空载出水口电动截止阀（3PAC17 AA893）全关	1（动作）	监测信号
16	2024 - 06 - 08 14：11：38. 585	PGC. SZX. GTU3G. BAT. BAT10. G3_DIN324	3 号机组主变压器冷却器空载出水口电动截止阀（3PAC17 AA893）全开	0（复归）	监测信号
17	2024 - 06 - 08 07：32：02. 044	PGC. SZX. GTU3G. BAT. BAT10. G3_DIN324	3 号机组主变压器冷却器空载出水口电动截止阀（3PAC17 AA893）全开	1（动作）	监测信号
18	2024 - 06 - 08 07：31：57. 702	PGC. SZX. GTU3G. BAT. BAT10. G3_DIN323	3 号机组主变压器冷却器空载出水口电动截止阀（3PAC17 AA893）全关	0（复归）	监测信号

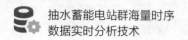
续表

序号	时间	源系统 id	名称	状态	来源
19	2024 - 06 - 08 02：23：13. 648	PGC. SZX. GTU3G. BAT. BAT10. G3_DIN323	3 号机组主变压器冷却器空载出水口电动截止阀（3PAC17 AA893）全关	1（动作）	监测信号
20	2024 - 06 - 08 02：23：09. 868	PGC. SZX. GTU3G. BAT. BAT10. G3_DIN324	3 号机组主变压器冷却器空载出水口电动截止阀（3PAC17 AA893）全开	0（复归）	监测信号
21	2024 - 06 - 07 12：16：55. 043	PGC. SZX. GTU3G. BAT. BAT10. G3_DIN324	3 号机组主变压器冷却器空载出水口电动截止阀（3PAC17 AA893）全开	1（动作）	监测信号
22	2024 - 06 - 07 12：16：50. 783	PGC. SZX. GTU3G. BAT. BAT10. G3_DIN323	3 号机组主变压器冷却器空载出水口电动截止阀（3PAC17 AA893）全关	0（复归）	监测信号
23	2024 - 06 - 07 09：06：55. 805	PGC. SZX. GTU3G. BAT. BAT10. G3_DIN323	3 号机组主变压器冷却器空载出水口电动截止阀（3PAC17 AA893）全关	1（动作）	监测信号
24	2024 - 06 - 07 09：06：51. 557	PGC. SZX. GTU3G. BAT. BAT10. G3_DIN324	3 号机组主变压器冷却器空载出水口电动截止阀（3PAC17 AA893）全开	0（复归）	监测信号

序号	时间	源系统 id	名称	状态	来源
25	2024－06－06 21：31：49.234	PGC. SZX. GTU3G. BAT. BAT10. G3_DIN324	3 号机组主变压器冷却器空载出水口电动截止阀（3PAC17 AA893）全开	1（动作）	监测信号
26	2024－06－06 21：31：45.090	PGC. SZX. GTU3G. BAT. BAT10. G3_DIN323	3 号机组主变压器冷却器空载出水口电动截止阀（3PAC17 AA893）全关	0（复归）	监测信号
27	2024－06－06 14：27：10.399	PGC. SZX. GTU3G. BAT. BAT10. G3_DIN323	3 号机组主变压器冷却器空载出水口电动截止阀（3PAC17 AA893）全关	1（动作）	监测信号
28	2024－06－06 14：27：05.149	PGC. SZX. GTU3G. BAT. BAT10. G3_DIN324	3 号机组主变压器冷却器空载出水口电动截止阀（3PAC17 AA893）全开	0（复归）	监测信号
29	2024－06－06 07：48：43.263	PGC. SZX. GTU3G. BAT. BAT10. G3_DIN324	3 号机组主变压器冷却器空载出水口电动截止阀（3PAC17 AA893）全开	1（动作）	监测信号
30	2024－06－06 07：48：37.558	PGC. SZX. GTU3G. BAT. BAT10. G3_DIN323	3 号机组主变压器冷却器空载出水口电动截止阀（3PAC17 AA893）全关	0（复归）	监测信号

续表

序号	时间	源系统 id	名称	状态	来源
31	2024－06－06 01：07：00.243	PGC. SZX. GTU3G. BAT. BAT10. G3_DIN323	3 号机组主变压器冷却器空载出水口电动截止阀（3PAC17 AA893）全关	1（动作）	监测信号
32	2024－06－06 01：06：55.334	PGC. SZX. GTU3G. BAT. BAT10. G3_DIN324	3 号机组主变压器冷却器空载出水口电动截止阀（3PAC17 AA893）全开	0（复归）	监测信号

依据表 4－2 的时序数据序列进行分析。

第 32 条数据，"开始"监测信号的测点"PGC. SZX. GTU3G. BAT. BAT10. G3_DIN324"的状态值为"0（复归）"，"开始"监测信号成立。策略配置中，"endTag"值为"结束"，不是"开始"，表明当前信号不是结束信号，继续向后分析。

第 31 条数据，"结束"监测信号的测点"PGC. SZX. GTU3G. BAT. BAT10. G3_DIN323"的状态值为"1（动作）"，"结束"监测信号成立。策略配置中，"endTag"值为"结束"，表明当前信号是结束信号，可以计算输出结果。

首选获取结束信号（第 31 条数据）的时间 t_{31}（2024－06－06 01：07：00.243），再获取前一开始信号（第 32 条数据）的时间 t_{32}（2024－06－06 01：06：55.334）。用获取到的数据计算输出结果，得到运行时长（$t_{31}－t_{32}$），即 4.909s。

将"运行时长"的时间 4.909s 分别与抖动值 1、高限值 5、低限值 2 进行比较，判定结果："运行时长"大于抖动值、小于高限值、大于低限值，即"运行时长"没有发生抖动，没有越限。

同理对第 27、28 条数据进行分析计算，计算输出结果"运行时长"为

5.250s。该计算结果大于抖动值 1、大于高限值 5、大于低限值 2，即"运行时长"没有发生抖动，但越上限。

告警消息如下：

> *AAX,*
>
> *Event,*
>
> *5,*
>
> *"3 号机组主变压器冷却器空载出水管电动截止阀关闭时长分析，*
> *关联设备为：3 号主变压器冷却器空载供水电动阀，*
> *标签：运行时长，*
> *信号时差为：5.250s，*
> *高限值为：5s，*
> *在 2024 - 06 - 06 14：27：10.399 发出越高限值告警！"*

设备运行统计图界面如图 4 – 1 ~ 图 4 – 5 所示。

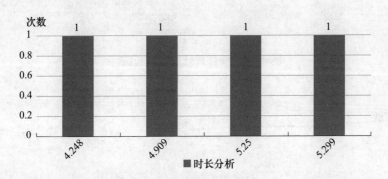

图 4 – 1 运行时间概率统计

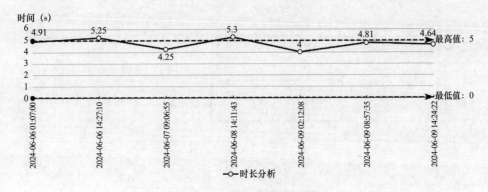

图 4 – 2 平均运行时长分析

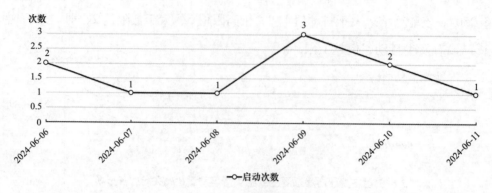

图 4 - 3　启动次数统计

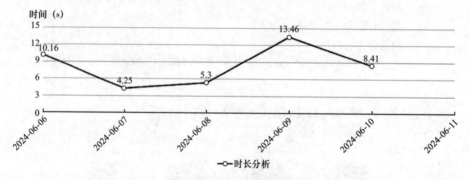

图 4 - 4　设备累计运行时长统计

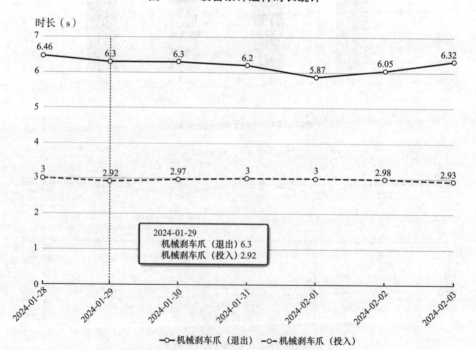

图 4 - 5　设备动作时长统计

4.2.4　小结

本节提供一种"设备动作时长、间隔、次数统计分析"的实现方法。设备动作时长超限会触发告警，动作次数、间隔的统计结果对判断设备的健康状况提供支持。

分析策略基于策略模板进行配置，用户只需选择相应的规则模板，即可通过定制化的配置界面，按引导完成分析策略的配置。分析策略中的计算规则，将在后台转化为 Aviator 表达式，交由策略模板指定的 Flink 计算管道，进行解释、执行。这种方法实现了计算逻辑与执行器分离。用户只需要负责业务层面的策略配置即可，策略的解释、执行则由 Flink 计算管道负责。

4.3

设备模拟量趋势实时分析

4.3.1　场景描述

在抽水蓄能电站长期运行过程中，设备磨损、润滑不足、过载运行、冷却系统故障、流量或压力异常、机械故障、电气故障、传感器故障以及设备老化等情形，都可能导致模拟量的变化斜率上出现异常。

设备部件如轴承、叶片等因长时间运行而逐渐磨损，导致性能下降。这种磨损过程可能在模拟量变化斜率上体现为逐渐增加的异常值。润滑油的供应不足可能导致设备摩擦增加，从而在温度或振动等参数的变化斜率上出现异常升高。电气故障或设备在超出设计负荷的情况下运行，可能导致电流、电压、功率等参数的变化斜率异常增加。

冷却系统的故障可能导致设备温度升高，水泵或阀门等控制流量或压力的设备出现故障时可能导致流量或压力异常，联轴器失效、齿轮磨损或断裂等机

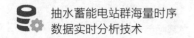
械故障可能在振动或声音信号的变化斜率上体现出快速的异常变化。

传感器自身的故障，如漂移、损坏或被污染，可能导致模拟量读数的不准确，进而在变化斜率上出现异常。设备老化可能导致性能逐渐下降，这种渐进性的变化可以在模拟量变化斜率上体现出来。

通过监测模拟量变化趋势，能够及时发现设备缺陷或故障，启动快速反应及时将隐患排除。

4.3.2　实现方法

模拟量变化斜率判断告警包括对单一模拟量及多个模拟量综合变化斜率对比及判断告警两种情况。通过配置分析策略设定输入、输出参数完成计算分析。

模拟量变化斜率判断告警的核心是当某个设定区间录得的梯度曲线斜率大于设定值（设定值根据正常曲线计算结果配置）时，发出告警信息。

实现涉及以下几个步骤：

（1）策略配置。确定数据源、被监测点和计算时间窗口。

选择一个合适的时间窗口（Δt），该窗口应该足够大以包含足够的数据点进行分析，同时又不能太大以至于错过快速变化的事件。

（2）基于时序数据流进行实时分析计算。以接收到时序数据为触发点，跟踪计算目标测点的变化率。在选定的时间窗口内，计算模拟量的变化量（ΔP）。可以通过以下公式计算

$$\Delta P = P\ (t + \Delta t)\ - P\ (t)$$

式中：$P\ (t)$ 为时间 t 时刻的模拟量值；$P\ (t + \Delta t)$ 为时间 $t + \Delta t$ 时刻的模拟量值。使用以下公式计算斜率（Gradient）

$$\text{Gradient} = \Delta P / \Delta t$$

斜率反映了模拟量值随时间变化的速度。多个连续时间窗口内的斜率进行计算，形成梯度曲线。梯度曲线在界面显示，运维人员可通过查看梯度曲线直观地观察斜率随时间的变化趋势。

（3）基于阈值告警。将计算得到的斜率与设定的阈值进行比较。如果斜率大于设定阈值，则触发告警。告警阈值在配置过程中可以设定为静态的，也可以设定为根据条件动态计算调整。在符合告警的条件满足时，将告警信息写入 Kafka 目标主题。由 Kafka 推送至消息中心，订阅该主题的告警信息消费者即可得到相应的通知。

单一模拟量分析分别对每个模拟量进行斜率计算和判断；综合变化斜率对比则将多个模拟量的斜率进行综合，通过加权平均、主成分分析（PCA）或其他多变量分析方法，得到一个综合斜率指标。

可以指定运行区间，计算出单个模拟量最大值、最小值、平均值等统计，然后设定不同运行区间单个模拟量最大值、最小值、平均值等统计值趋势判断告警。

通过上述方法，时序数据分析可以有效地应用于抽水蓄能电站设备的缺陷和故障分析，实现对设备状态的实时监控和早期预警。

4.3.3 实例解析

时序数据分析环境中设定的策略模板命名为"模拟量变化斜率越限告警"和"不同运行区间单个模拟量最大值、最小值、平均值等统计值趋势判断告警"，后者与"运行区间单个模拟量最大值、最小值、平均值等统计"与配合。

模拟量变化斜率越限告警的输入参数包括：

（1）待监视模拟量，多个（n）；

（2）时间区间周期设定（秒），多个（n）；

（3）梯度变化斜率告警设定值。

输出参数为待监视模拟量变化斜率告警信号。

表 4-3 是某抽水蓄能电站"1 号机组水轮机水导油槽油温（1MFD10 CT214）变化斜率越限告警"策略的输入配置。

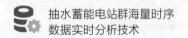

表4－3 模拟量变化斜率越限告警配置

监测信号			
测点标识	斜率	时间间隔	告警消息格式
PGC. SZX. GTU1G. MFA. MFD10. G1_TIN221	7	60	测点：${pid} 当前状态值为：${value}，斜率为：${slope}，超出斜率限值：${limit}

表4－4是在运期间用于分析判定的一段时序数据序列。

表4－4 模拟量变化斜率越限告警示例时序数据

序号	时间	源系统id	名称	状态	来源
1	2024－01－04 11：50：22.000	PGC. SZX. GTU1G. MFA. MFD10. G1_TIN221	1号机组水轮机水导油槽油温（1MFD10 CT214）	35.579998	监测信号
2	2024－01－04 11：50：23.000	PGC. SZX. GTU1G. MFA. MFD10. G1_TIN221	1号机组水轮机水导油槽油温（1MFD10 CT214）	35.439999	监测信号
3	2024－01－04 11：51：02.000	PGC. SZX. GTU1G. MFA. MFD10. G1_TIN221	1号机组水轮机水导油槽油温（1MFD10 CT214）	35.579998	监测信号
4	2024－01－04 11：51：44.000	PGC. SZX. GTU1G. MFA. MFD10. G1_TIN221	1号机组水轮机水导油槽油温（1MFD10 CT214）	35.439999	监测信号
5	2024－01－04 11：52：06.000	PGC. SZX. GTU1G. MFA. MFD10. G1_TIN221	1号机组水轮机水导油槽油温（1MFD10 CT214）	35.41	监测信号
6	2024－01－04 11：52：28.000	PGC. SZX. GTU1G. MFA. MFD10. G1_TIN221	1号机组水轮机水导油槽油温（1MFD10 CT214）	35.610001	监测信号
7	2024－01－04 11：53：27.000	PGC. SZX. GTU1G. MFA. MFD10. G1_TIN221	1号机组水轮机水导油槽油温（1MFD10 CT214）	35.579998	监测信号

序号	时间	源系统 id	名称	状态	来源
8	2024-01-04 11：53：28.000	PGC. SZX. GTU1G. MFA. MFD10. G1_TIN221	1号机组水轮机水导油槽油温（1MFD10 CT214）	35.459999	监测信号
9	2024-01-04 11：54：12.000	PGC. SZX. GTU1G. MFA. MFD10. G1_TIN221	1号机组水轮机水导油槽油温（1MFD10 CT214）	35.41	监测信号
10	2024-01-04 11：54：27.000	PGC. SZX. GTU1G. MFA. MFD10. G1_TIN221	1号机组水轮机水导油槽油温（1MFD10 CT214）	35.610001	监测信号
11	2024-01-04 11：55：35.000	PGC. SZX. GTU1G. MFA. MFD10. G1_TIN221	1号机组水轮机水导油槽油温（1MFD10 CT214）	35.389999	监测信号
12	2024-01-04 11：55：58.000	PGC. SZX. GTU1G. MFA. MFD10. G1_TIN221	1号机组水轮机水导油槽油温（1MFD10 CT214）	35.579998	监测信号
13	2024-01-04 11：56：24.000	PGC. SZX. GTU1G. MFA. MFD10. G1_TIN221	1号机组水轮机水导油槽油温（1MFD10 CT214）	35.799999	监测信号
14	2024-01-04 11：56：59.000	PGC. SZX. GTU1G. MFA. MFD10. G1_TIN221	1号机组水轮机水导油槽油温（1MFD10 CT214）	35.259998	监测信号
15	2024-01-04 11：57：02.000	PGC. SZX. GTU1G. MFA. MFD10. G1_TIN221	1号机组水轮机水导油槽油温（1MFD10 CT214）	35.290001	监测信号
16	2024-01-04 11：57：59.000	PGC. SZX. GTU1G. MFA. MFD10. G1_TIN221	1号机组水轮机水导油槽油温（1MFD10 CT214）	33.399998	监测信号
17	2024-01-04 11：58：00.000	PGC. SZX. GTU1G. MFA. MFD10. G1_TIN221	1号机组水轮机水导油槽油温（1MFD10 CT214）	33.380001	监测信号

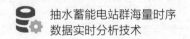
续表

序号	时间	源系统 id	名称	状态	来源
18	2024 - 01 - 04 11：58：59.000	PGC. SZX. GTU1G. MFA. MFD10. G1_TIN221	1号机组水轮机水导油槽油温（1MFD10 CT214）	30.699999	监测信号
19	2024 - 01 - 04 11：59：00.000	PGC. SZX. GTU1G. MFA. MFD10. G1_TIN221	1号机组水轮机水导油槽油温（1MFD10 CT214）	30.679998	监测信号
20	2024 - 01 - 04 11：59：59.000	PGC. SZX. GTU1G. MFA. MFD10. G1_TIN221	1号机组水轮机水导油槽油温（1MFD10 CT214）	27.389999	监测信号
21	2024 - 01 - 04 12：00：00.000	PGC. SZX. GTU1G. MFA. MFD10. G1_TIN221	1号机组水轮机水导油槽油温（1MFD10 CT214）	27.32	监测信号
22	2024 - 01 - 04 12：00：59.000	PGC. SZX. GTU1G. MFA. MFD10. G1_TIN221	1号机组水轮机水导油槽油温（1MFD10 CT214）	25.84	监测信号
23	2024 - 01 - 04 12：01：00.000	PGC. SZX. GTU1G. MFA. MFD10. G1_TIN221	1号机组水轮机水导油槽油温（1MFD10 CT214）	25.84	监测信号
24	2024 - 01 - 04 12：01：53.000	PGC. SZX. GTU1G. MFA. MFD10. G1_TIN221	1号机组水轮机水导油槽油温（1MFD10 CT214）	25.08	监测信号
25	2024 - 01 - 04 12：02：00.000	PGC. SZX. GTU1G. MFA. MFD10. G1_TIN221	1号机组水轮机水导油槽油温（1MFD10 CT214）	25.23	监测信号
26	2024 - 01 - 04 12：02：20.000	PGC. SZX. GTU1G. MFA. MFD10. G1_TIN221	1号机组水轮机水导油槽油温（1MFD10 CT214）	25.449999	监测信号
27	2024 - 01 - 04 12：03：06.000	PGC. SZX. GTU1G. MFA. MFD10. G1_TIN221	1号机组水轮机水导油槽油温（1MFD10 CT214）	25.48	监测信号

续表

序号	时间	源系统 id	名称	状态	来源
28	2024-01-04 12：03：48.000	PGC. SZX. GTU1G. MFA. MFD10. G1_TIN221	1号机组水轮机水导油槽油温（1MFD10 CT214）	24.519999	监测信号
29	2024-01-04 12：04：00.000	PGC. SZX. GTU1G. MFA. MFD10. G1_TIN221	1号机组水轮机水导油槽油温（1MFD10 CT214）	24.519999	监测信号
30	2024-01-04 12：04：28.000	PGC. SZX. GTU1G. MFA. MFD10. G1_TIN221	1号机组水轮机水导油槽油温（1MFD10 CT214）	24.32	监测信号
31	2024-01-04 12：05：13.000	PGC. SZX. GTU1G. MFA. MFD10. G1_TIN221	1号机组水轮机水导油槽油温（1MFD10 CT214）	24.4	监测信号
32	2024-01-04 12：05：59.000	PGC. SZX. GTU1G. MFA. MFD10. G1_TIN221	1号机组水轮机水导油槽油温（1MFD10 CT214）	24.959999	监测信号
33	2024-01-04 12：06：00.000	PGC. SZX. GTU1G. MFA. MFD10. G1_TIN221	1号机组水轮机水导油槽油温（1MFD10 CT214）	24.959999	监测信号
34	2024-01-04 12：06：54.000	PGC. SZX. GTU1G. MFA. MFD10. G1_TIN221	1号机组水轮机水导油槽油温（1MFD10 CT214）	25.769999	监测信号
35	2024-01-04 12：07：03.000	PGC. SZX. GTU1G. MFA. MFD10. G1_TIN221	1号机组水轮机水导油槽油温（1MFD10 CT214）	25.769999	监测信号
36	2024-01-04 12：07：56.000	PGC. SZX. GTU1G. MFA. MFD10. G1_TIN221	1号机组水轮机水导油槽油温（1MFD10 CT214）	24.84	监测信号
37	2024-01-04 12：08：05.000	PGC. SZX. GTU1G. MFA. MFD10. G1_TIN221	1号机组水轮机水导油槽油温（1MFD10 CT214）	24.809999	监测信号

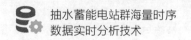

续表

序号	时间	源系统 id	名称	状态	来源
38	2024－01－04 12：08：16.000	PGC. SZX. GTU1G. MFA. MFD10. G1_TIN221	1号机组水轮机水导油槽油温（1MFD10 CT214）	24.57	监测信号
39	2024－01－04 12：09：00.000	PGC. SZX. GTU1G. MFA. MFD10. G1_TIN221	1号机组水轮机水导油槽油温（1MFD10 CT214）	24.76	监测信号
40	2024－01－04 12：09：59.000	PGC. SZX. GTU1G. MFA. MFD10. G1_TIN221	1号机组水轮机水导油槽油温（1MFD10 CT214）	25.5	监测信号
41	2024－01－04 12：10：41.000	PGC. SZX. GTU1G. MFA. MFD10. G1_TIN221	1号机组水轮机水导油槽油温（1MFD10 CT214）	25.67	监测信号
42	2024－01－04 12：10：59.000	PGC. SZX. GTU1G. MFA. MFD10. G1_TIN221	1号机组水轮机水导油槽油温（1MFD10 CT214）	25.43	监测信号
43	2024－01－04 12：11：18.000	PGC. SZX. GTU1G. MFA. MFD10. G1_TIN221	1号机组水轮机水导油槽油温（1MFD10 CT214）	25.33	监测信号
44	2024－01－04 12：11：59.000	PGC. SZX. GTU1G. MFA. MFD10. G1_TIN221	1号机组水轮机水导油槽油温（1MFD10 CT214）	25.619999	监测信号
45	2024－01－04 12：12：00.000	PGC. SZX. GTU1G. MFA. MFD10. G1_TIN221	1号机组水轮机水导油槽油温（1MFD10 CT214）	25.619999	监测信号
46	2024－01－04 12：12：57.000	PGC. SZX. GTU1G. MFA. MFD10. G1_TIN221	1号机组水轮机水导油槽油温（1MFD10 CT214）	26.059999	监测信号
47	2024－01－04 12：13：00.000	PGC. SZX. GTU1G. MFA. MFD10. G1_TIN221	1号机组水轮机水导油槽油温（1MFD10 CT214）	26.039999	监测信号

序号	时间	源系统 id	名称	状态	来源
48	2024－01－04 12：13：42.000	PGC. SZX. GTU1G. MFA. MFD10. G1_TIN221	1 号机组水轮机 水 导 油 槽 油 温 （1MFD10 CT214）	26.309999	监测 信号
49	2024－01－04 12：14：40.000	PGC. SZX. GTU1G. MFA. MFD10. G1_TIN221	1 号机组水轮机 水 导 油 槽 油 温 （1MFD10 CT214）	26.33	监测 信号
50	2024－01－04 12：14：41.000	PGC. SZX. GTU1G. MFA. MFD10. G1_TIN221	1 号机组水轮机 水 导 油 槽 油 温 （1MFD10 CT214）	26.209999	监测 信号
51	2024－01－04 12：15：06.000	PGC. SZX. GTU1G. MFA. MFD10. G1_TIN221	1 号机组水轮机 水 导 油 槽 油 温 （1MFD10 CT214）	26.289999	监测 信号
52	2024－01－04 12：15：58.000	PGC. SZX. GTU1G. MFA. MFD10. G1_TIN221	1 号机组水轮机 水 导 油 槽 油 温 （1MFD10 CT214）	25.769999	监测 信号
53	2024－01－04 12：16：00.000	PGC. SZX. GTU1G. MFA. MFD10. G1_TIN221	1 号机组水轮机 水 导 油 槽 油 温 （1MFD10 CT214）	25.719999	监测 信号
54	2024－01－04 12：16：56.000	PGC. SZX. GTU1G. MFA. MFD10. G1_TIN221	1 号机组水轮机 水 导 油 槽 油 温 （1MFD10 CT214）	25.209999	监测 信号
55	2024－01－04 12：17：03.000	PGC. SZX. GTU1G. MFA. MFD10. G1_TIN221	1 号机组水轮机 水 导 油 槽 油 温 （1MFD10 CT214）	25.23	监测 信号
56	2024－01－04 12：17：54.000	PGC. SZX. GTU1G. MFA. MFD10. G1_TIN221	1 号机组水轮机 水 导 油 槽 油 温 （1MFD10 CT214）	25.029999	监测 信号
57	2024－01－04 12：18：10.000	PGC. SZX. GTU1G. MFA. MFD10. G1_TIN221	1 号机组水轮机 水 导 油 槽 油 温 （1MFD10 CT214）	25.109999	监测 信号

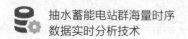
续表

序号	时间	源系统 id	名称	状态	来源
58	2024 - 01 - 04 12：18：59.000	PGC. SZX. GTU1G. MFA. MFD10. G1_TIN221	1 号机组水轮机水导油槽油温（1MFD10 CT214）	25.549999	监测信号
59	2024 - 01 - 04 12：19：01.000	PGC. SZX. GTU1G. MFA. MFD10. G1_TIN221	1 号机组水轮机水导油槽油温（1MFD10 CT214）	25.5	监测信号
60	2024 - 01 - 04 12：19：59.000	PGC. SZX. GTU1G. MFA. MFD10. G1_TIN221	1 号机组水轮机水导油槽油温（1MFD10 CT214）	25.969999	监测信号
61	2024 - 01 - 04 12：20：05.000	PGC. SZX. GTU1G. MFA. MFD10. G1_TIN221	1 号机组水轮机水导油槽油温（1MFD10 CT214）	25.889999	监测信号
62	2024 - 01 - 04 12：20：57.000	PGC. SZX. GTU1G. MFA. MFD10. G1_TIN221	1 号机组水轮机水导油槽油温（1MFD10 CT214）	26.209999	监测信号
63	2024 - 01 - 04 12：21：07.000	PGC. SZX. GTU1G. MFA. MFD10. G1_TIN221	1 号机组水轮机水导油槽油温（1MFD10 CT214）	26.139999	监测信号
64	2024 - 01 - 04 12：21：51.000	PGC. SZX. GTU1G. MFA. MFD10. G1_TIN221	1 号机组水轮机水导油槽油温（1MFD10 CT214）	26.309999	监测信号
65	2024 - 01 - 04 12：22：24.000	PGC. SZX. GTU1G. MFA. MFD10. G1_TIN221	1 号机组水轮机水导油槽油温（1MFD10 CT214）	26.309999	监测信号
66	2024 - 01 - 04 12：22：48.000	PGC. SZX. GTU1G. MFA. MFD10. G1_TIN221	1 号机组水轮机水导油槽油温（1MFD10 CT214）	26.09	监测信号
67	2024 - 01 - 04 12：23：20.000	PGC. SZX. GTU1G. MFA. MFD10. G1_TIN221	1 号机组水轮机水导油槽油温（1MFD10 CT214）	26.019999	监测信号

依据表 4-4 的时序数据序列进行分析。监测到第 1 条数据时，记录它的时间 t_1、值 v_1 等信息，并存储到信号存储器。使用 t_1 减去时间间隔（60s），得到时刻 t_0；按顺序（时序）从存储器中读取其他数据，将数据的时间与 t_0 进行比较，当读取数据的时间小于等于 t_0 时，则取该数据，与当前第 1 条数据计算模拟量变化斜率。未越限表明计算条件不满足，继续向下监测。

监测到第 2、3 条数据时，将其时间 t_2、t_3，值 v_2、v_3 存储到存储器，判定计算条件不满足越限设定，继续向下监测。

监测到第 4 条数据时，记录它的时间 t_4、值 v_4 等信息，并存储到信号存储器。使用 t_4（2024-01-04 11：51：44.000）减去时间间隔（60s），得到时刻 t_0（2024-01-04 11：50：44.000）；按顺序（时序）从存储器中读取其他数据，将数据的时间与 t_0（2024-01-04 11：50：44.000）进行比较。t_3 大于 t_0，计算条件不满足；t_2 小于 t_0，计算条件成立，则取第二条数据的时间 t_2、值 v_2，与当前数据计算模拟量变化斜率，同时从存储器中，释放第二条数据之前的数据。

模拟量变化斜率等于当前第 4 条数据的值 v_4（35.439999），减去第 2 条数据的值 v_2（35.439999），然后除以两条数据的时刻差，即 t_4（2024-01-04 11：51：44.000）与 t_2（2024-01-04 11：50：23.000）的时刻差，即（v_4-v_2）/（t_4-t_2），得到模拟量变化斜率为 0。

将计算得到的模拟量变化斜率（0）与变化斜率告警设定值（7）进行比较；模拟量变化斜率小于变化斜率告警设定值，不产生告警。

假设计算得到的模拟量变化斜率为 7.1，大于变化斜率告警设定值（7），则产生告警。

模拟量变化斜率监视界面见图 4-6。

计算不同运行区间单个模拟量最大值、最小值、平均值等统计值趋势判断告警，结合模拟量值统计和趋势分析两种策略。

模拟量值计算从条件触发启动到条件触发结束时间段内，某模拟量的最大值、最小值、平均值、标准差、定积分值。

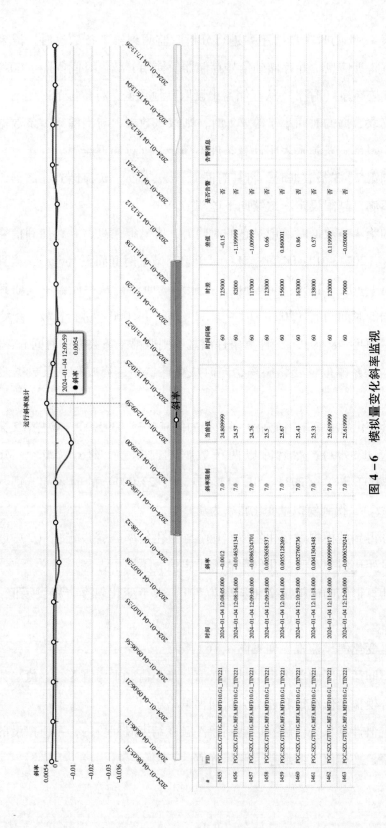

图 4-6 模拟量变化斜率监视

输入参数包括：

（1）待监视模拟量（可直接链接变量库选择变量，可同时选择多台机组的同一变量），多个（n）；

（2）选择待输出的统计值，多个（n）；

（3）时间段选择（每天 [0~24 点]、每周、每月等）。

输出参数包括：

（1）某个运行区间的最大值、最小值、平均值等统计值，多个（n）；

（2）按所选时间段形成最大值、最小值、平均值等统计值报表或曲线。

表 4 – 5 是某抽水蓄能电站"1 号机组 G 工况上机架 X 向水平振动"策略的配置。

表 4 – 5 模拟量统计配置

触发条件				
触发条件名称	状态	测点标识	状态（区间）设置	取反
1 号机组发电态	开始	PGC. SZX. GTU1G. CCR. XND. XN_UNIT_STA	G 工况	否
1 号机组发电态	结束	PGC. SZX. GTU1G. CCR. XND. XN_UNIT_STA	G 工况	是
监测信号				
测点标识			计算值	
PGC. SZX. GTU1G. CFB. CFB10. G1_AIN362			最大值、最小值、平均值	

模拟量统计值的趋势判断是在不同运行区间，计算出的积分值之间的差值累加值、最大值之间的差值累加值、最小值之间的差值累加值、平均值之间的差值累加值（取绝对值）大于设定值则发出告警。

输入参数包括：

（1）待监视模拟量，多个（n）；

（2）链接已定义好的模拟量统计值计算策略，多个（n）；

（3）趋势比较对象（可选择积分值、最大值、最小值、平均值，单选或

多选均可);

(4) 时间段 (可选择最近一周、一个月、半年、一年等), 多个 (n);

(5) 趋势差值设定值。

输出参数为待监视模拟量统计值趋势差值告警。

表 4 – 6 是某抽水蓄能电站"1 号机组 G、P 工况顶盖 X 向水平振动"策略的输入配置。

表 4 – 6   模拟量统计值趋势分析配置

策略名称	趋势比较对象	趋势差值设定值
1 号机组 P 工况顶盖 X 向水平振动	最大值、最小值、平均值	20
1 号机组 G 工况顶盖 X 向水平振动		

表 4 – 7 是在运期间用于分析判定的一段时序数据序列。

表 4 – 7   模拟量统计值趋势分析示例数据

序号	时间	源系统 id	名称	状态	来源
1	2024 – 07 – 11 01:00:26.399	PGC. SZX. GTU1G. CCR. XND. XN_UNIT_STA	U1 机组状态	12 (达到 P 工况)	触发器
2	2024 – 07 – 11 01:01:00.000	PGC. SZX. GTU1G. CFB. CFB10. G1_AIN368	1 号机组状态监测:顶盖 X 向水平振动	1.08	监测信号
3	2024 – 07 – 11 01:01:10.000	PGC. SZX. GTU1G. CFB. CFB10. G1_AIN368	1 号机组状态监测:顶盖 X 向水平振动	1.11	监测信号
4	2024 – 07 – 11 01:01:12.000	PGC. SZX. GTU1G. CFB. CFB10. G1_AIN368	1 号机组状态监测:顶盖 X 向水平振动	1.15	监测信号
5	2024 – 07 – 11 01:01:16.000	PGC. SZX. GTU1G. CFB. CFB10. G1_AIN368	1 号机组状态监测:顶盖 X 向水平振动	0.91	监测信号
6	2024 – 07 – 11 01:01:18.000	PGC. SZX. GTU1G. CFB. CFB10. G1_AIN368	1 号机组状态监测:顶盖 X 向水平振动	0.68	监测信号

续表

序号	时间	源系统 id	名称	状态	来源
7	2024 - 07 - 11 01：01：25.000	PGC. SZX. GTU1G. CFB. CFB10. G1_AIN368	1 号机组状态监测：顶盖 X 向水平振动	0.7	监测信号
8	2024 - 07 - 11 01：01：27.000	PGC. SZX. GTU1G. CFB. CFB10. G1_AIN368	1 号机组状态监测：顶盖 X 向水平振动	0.74	监测信号
9	2024 - 07 - 11 01：01：33.000	PGC. SZX. GTU1G. CFB. CFB10. G1_AIN368	1 号机组状态监测：顶盖 X 向水平振动	0.93	监测信号
10	2024 - 07 - 11 01：01：37.000	PGC. SZX. GTU1G. CFB. CFB10. G1_AIN368	1 号机组状态监测：顶盖 X 向水平振动	1.04	监测信号
11	2024 - 07 - 11 01：01：42.000	PGC. SZX. GTU1G. CFB. CFB10. G1_AIN368	1 号机组状态监测：顶盖 X 向水平振动	1.08	监测信号
12	2024 - 07 - 11 01：01：44.000	PGC. SZX. GTU1G. CFB. CFB10. G1_AIN368	1 号机组状态监测：顶盖 X 向水平振动	1.16	监测信号
13	2024 - 07 - 11 01：01：48.000	PGC. SZX. GTU1G. CFB. CFB10. G1_AIN368	1 号机组状态监测：顶盖 X 向水平振动	1.18	监测信号
14	2024 - 07 - 11 01：01：53.000	PGC. SZX. GTU1G. CFB. CFB10. G1_AIN368	1 号机组状态监测：顶盖 X 向水平振动	1.24	监测信号
15	2024 - 07 - 11 01：02：00.000	PGC. SZX. GTU1G. CFB. CFB10. G1_AIN368	1 号机组状态监测：顶盖 X 向水平振动	1.2	监测信号
16	2024 - 07 - 11 01：02：07.000	PGC. SZX. GTU1G. CFB. CFB10. G1_AIN368	1 号机组状态监测：顶盖 X 向水平振动	1.2	监测信号
17	2024 - 07 - 11 01：02：12.000	PGC. SZX. GTU1G. CFB. CFB10. G1_AIN368	1 号机组状态监测：顶盖 X 向水平振动	1.22	监测信号

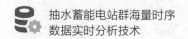

续表

序号	时间	源系统 id	名称	状态	来源
18	2024-07-11 01：02：14.000	PGC. SZX. GTU1G. CFB. CFB10. G1_AIN368	1号机组状态监测：顶盖 X 向水平振动	1.26	监测信号
19	2024-07-11 01：02：23.000	PGC. SZX. GTU1G. CFB. CFB10. G1_AIN368	1号机组状态监测：顶盖 X 向水平振动	1.18	监测信号
20	2024-07-11 01：02：28.000	PGC. SZX. GTU1G. CFB. CFB10. G1_AIN368	1号机组状态监测：顶盖 X 向水平振动	1.12	监测信号
21	2024-07-11 01：02：35.000	PGC. SZX. GTU1G. CFB. CFB10. G1_AIN368	1号机组状态监测：顶盖 X 向水平振动	1.1	监测信号
22	2024-07-11 01：02：45.000	PGC. SZX. GTU1G. CFB. CFB10. G1_AIN368	1号机组状态监测：顶盖 X 向水平振动	1.06	监测信号
23	2024-07-11 01：02：49.000	PGC. SZX. GTU1G. CFB. CFB10. G1_AIN368	1号机组状态监测：顶盖 X 向水平振动	1.09	监测信号
24	2024-07-11 01：02：51.000	PGC. SZX. GTU1G. CFB. CFB10. G1_AIN368	1号机组状态监测：顶盖 X 向水平振动	1.06	监测信号
25	2024-07-11 01：02：55.000	PGC. SZX. GTU1G. CFB. CFB10. G1_AIN368	1号机组状态监测：顶盖 X 向水平振动	1.1	监测信号
26	2024-07-11 01：03：00.000	PGC. SZX. GTU1G. CFB. CFB10. G1_AIN368	1号机组状态监测：顶盖 X 向水平振动	1.04	监测信号
27	2024-07-11 01：03：04.000	PGC. SZX. GTU1G. CFB. CFB10. G1_AIN368	1号机组状态监测：顶盖 X 向水平振动	1.02	监测信号
28	2024-07-11 01：03：10.000	PGC. SZX. GTU1G. CFB. CFB10. G1_AIN368	1号机组状态监测：顶盖 X 向水平振动	1.07	监测信号

序号	时间	源系统 id	名称	状态	来源
29	2024 - 07 - 11 01：03：11.000	PGC. SZX. GTU1G. CFB. CFB10. G1_AIN368	1 号机组状态监测：顶盖 X 向水平振动	1.11	监测信号
30	2024 - 07 - 11 01：03：15.000	PGC. SZX. GTU1G. CFB. CFB10. G1_AIN368	1 号机组状态监测：顶盖 X 向水平振动	1.14	监测信号
31	2024 - 07 - 11 01：03：20.000	PGC. SZX. GTU1G. CFB. CFB10. G1_AIN368	1 号机组状态监测：顶盖 X 向水平振动	1.2	监测信号
32	2024 - 07 - 11 01：03：22.000	PGC. SZX. GTU1G. CFB. CFB10. G1_AIN368	1 号机组状态监测：顶盖 X 向水平振动	1.45	监测信号
33	2024 - 07 - 11 01：03：33.000	PGC. SZX. GTU1G. CFB. CFB10. G1_AIN368	1 号机组状态监测：顶盖 X 向水平振动	1.31	监测信号
34	2024 - 07 - 11 01：03：35.000	PGC. SZX. GTU1G. CFB. CFB10. G1_AIN368	1 号机组状态监测：顶盖 X 向水平振动	1.23	监测信号
35	2024 - 07 - 11 01：03：39.000	PGC. SZX. GTU1G. CFB. CFB10. G1_AIN368	1 号机组状态监测：顶盖 X 向水平振动	1.16	监测信号
36	2024 - 07 - 11 01：03：44.000	PGC. SZX. GTU1G. CFB. CFB10. G1_AIN368	1 号机组状态监测：顶盖 X 向水平振动	1.09	监测信号
37	2024 - 07 - 11 01：03：47.000	PGC. SZX. GTU1G. CFB. CFB10. G1_AIN368	1 号机组状态监测：顶盖 X 向水平振动	1.16	监测信号
38	2024 - 07 - 11 01：03：52.000	PGC. SZX. GTU1G. CFB. CFB10. G1_AIN368	1 号机组状态监测：顶盖 X 向水平振动	1.06	监测信号
39	2024 - 07 - 11 01：03：56.000	PGC. SZX. GTU1G. CFB. CFB10. G1_AIN368	1 号机组状态监测：顶盖 X 向水平振动	1.08	监测信号

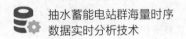
序号	时间	源系统 id	名称	状态	来源
40	2024 - 07 - 11 01：04：00.000	PGC. SZX. GTU1G. CFB. CFB10. G1_AIN368	1 号机组状态监测：顶盖 X 向水平振动	1.08	监测信号
41	2024 - 07 - 11 01：04：03.000	PGC. SZX. GTU1G. CFB. CFB10. G1_AIN368	1 号机组状态监测：顶盖 X 向水平振动	1.04	监测信号
42	2024 - 07 - 11 01：04：11.000	PGC. SZX. GTU1G. CFB. CFB10. G1_AIN368	1 号机组状态监测：顶盖 X 向水平振动	1.07	监测信号
43	2024 - 07 - 11 01：04：15.000	PGC. SZX. GTU1G. CFB. CFB10. G1_AIN368	1 号机组状态监测：顶盖 X 向水平振动	1.04	监测信号
44	2024 - 07 - 11 01：04：17.000	PGC. SZX. GTU1G. CFB. CFB10. G1_AIN368	1 号机组状态监测：顶盖 X 向水平振动	1.07	监测信号
45	2024 - 07 - 11 01：04：24.000	PGC. SZX. GTU1G. CFB. CFB10. G1_AIN368	1 号机组状态监测：顶盖 X 向水平振动	1.15	监测信号
46	2024 - 07 - 11 01：04：31.000	PGC. SZX. GTU1G. CFB. CFB10. G1_AIN368	1 号机组状态监测：顶盖 X 向水平振动	1.17	监测信号
47	2024 - 07 - 11 01：04：36.000	PGC. SZX. GTU1G. CFB. CFB10. G1_AIN368	1 号机组状态监测：顶盖 X 向水平振动	1.22	监测信号
48	2024 - 07 - 11 01：04：49.000	PGC. SZX. GTU1G. CFB. CFB10. G1_AIN368	1 号机组状态监测：顶盖 X 向水平振动	1.25	监测信号
49	2024 - 07 - 11 01：05：00.000	PGC. SZX. GTU1G. CFB. CFB10. G1_AIN368	1 号机组状态监测：顶盖 X 向水平振动	1.25	监测信号
50	2024 - 07 - 11 01：05：01.000	PGC. SZX. GTU1G. CFB. CFB10. G1_AIN368	1 号机组状态监测：顶盖 X 向水平振动	1.19	监测信号

续表

序号	时间	源系统 id	名称	状态	来源
51	2024－07－11 01：05：19.000	PGC. SZX. GTU1G. CFB. CFB10. G1_AIN368	1 号机组状态监测：顶盖 X 向水平振动	1.17	监测信号
52	2024－07－11 01：05：23.000	PGC. SZX. GTU1G. CFB. CFB10. G1_AIN368	1 号机组状态监测：顶盖 X 向水平振动	1.14	监测信号
53	2024－07－11 01：05：25.000	PGC. SZX. GTU1G. CFB. CFB10. G1_AIN368	1 号机组状态监测：顶盖 X 向水平振动	1.18	监测信号
54	2024－07－11 01：05：29.000	PGC. SZX. GTU1G. CFB. CFB10. G1_AIN368	1 号机组状态监测：顶盖 X 向水平振动	1.2	监测信号
55	2024－07－11 01：05：34.000	PGC. SZX. GTU1G. CFB. CFB10. G1_AIN368	1 号机组状态监测：顶盖 X 向水平振动	1.17	监测信号
56	2024－07－11 01：05：38.000	PGC. SZX. GTU1G. CFB. CFB10. G1_AIN368	1 号机组状态监测：顶盖 X 向水平振动	1.2	监测信号
57	2024－07－11 01：05：44.000	PGC. SZX. GTU1G. CFB. CFB10. G1_AIN368	1 号机组状态监测：顶盖 X 向水平振动	1.18	监测信号
58	2024－07－11 01：05：47.000	PGC. SZX. GTU1G. CFB. CFB10. G1_AIN368	1 号机组状态监测：顶盖 X 向水平振动	1.16	监测信号
59	2024－07－11 01：05：52.000	PGC. SZX. GTU1G. CFB. CFB10. G1_AIN368	1 号机组状态监测：顶盖 X 向水平振动	1.12	监测信号
60	2024－07－11 01：06：00.000	PGC. SZX. GTU1G. CFB. CFB10. G1_AIN368	1 号机组状态监测：顶盖 X 向水平振动	1.12	监测信号
61	2024－07－11 01：06：02.000	PGC. SZX. GTU1G. CFB. CFB10. G1_AIN368	1 号机组状态监测：顶盖 X 向水平振动	1.14	监测信号

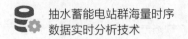
序号	时间	源系统 id	名称	状态	来源
62	2024－07－11 01：06：04.000	PGC. SZX. GTU1G. CFB. CFB10. G1_AIN368	1 号机组状态监测：顶盖 X 向水平振动	1.19	监测信号
63	2024－07－11 01：06：12.000	PGC. SZX. GTU1G. CFB. CFB10. G1_AIN368	1 号机组状态监测：顶盖 X 向水平振动	1.29	监测信号
64	2024－07－11 01：06：16.000	PGC. SZX. GTU1G. CFB. CFB10. G1_AIN368	1 号机组状态监测：顶盖 X 向水平振动	1.45	监测信号
65	2024－07－11 01：06：20.000	PGC. SZX. GTU1G. CFB. CFB10. G1_AIN368	1 号机组状态监测：顶盖 X 向水平振动	1.4	监测信号
66	2024－07－11 01：06：29.000	PGC. SZX. GTU1G. CFB. CFB10. G1_AIN368	1 号机组状态监测：顶盖 X 向水平振动	1.38	监测信号
67	2024－07－11 01：06：32.000	PGC. SZX. GTU1G. CFB. CFB10. G1_AIN368	1 号机组状态监测：顶盖 X 向水平振动	1.35	监测信号
68	2024－07－11 01：06：37.000	PGC. SZX. GTU1G. CFB. CFB10. G1_AIN368	1 号机组状态监测：顶盖 X 向水平振动	1.34	监测信号
69	2024－07－11 01：06：39.000	PGC. SZX. GTU1G. CFB. CFB10. G1_AIN368	1 号机组状态监测：顶盖 X 向水平振动	1.32	监测信号
70	2024－07－11 01：06：44.000	PGC. SZX. GTU1G. CFB. CFB10. G1_AIN368	1 号机组状态监测：顶盖 X 向水平振动	1.3	监测信号
71	2024－07－11 01：06：49.000	PGC. SZX. GTU1G. CFB. CFB10. G1_AIN368	1 号机组状态监测：顶盖 X 向水平振动	1.27	监测信号

序号	时间	源系统 id	名称	状态	来源
72	2024－07－11 01：06：52.000	PGC. SZX. GTU1G. CFB. CFB10. G1_AIN368	1 号机组状态监测：顶盖 X 向水平振动	1.29	监测信号
73	2024－07－11 01：06：56.000	PGC. SZX. GTU1G. CFB. CFB10. G1_AIN368	1 号机组状态监测：顶盖 X 向水平振动	1.22	监测信号
74	2024－07－11 01：07：00.000	PGC. SZX. GTU1G. CFB. CFB10. G1_AIN368	1 号机组状态监测：顶盖 X 向水平振动	1.22	监测信号
75	2024－07－11 01：07：01.000	PGC. SZX. GTU1G. CFB. CFB10. G1_AIN368	1 号机组状态监测：顶盖 X 向水平振动	1.18	监测信号
76	2024－07－11 01：07：05.000	PGC. SZX. GTU1G. CFB. CFB10. G1_AIN368	1 号机组状态监测：顶盖 X 向水平振动	1.14	监测信号
77	2024－07－11 01：07：09.000	PGC. SZX. GTU1G. CFB. CFB10. G1_AIN368	1 号机组状态监测：顶盖 X 向水平振动	1.17	监测信号
78	2024－07－11 01：07：13.000	PGC. SZX. GTU1G. CFB. CFB10. G1_AIN368	1 号机组状态监测：顶盖 X 向水平振动	1.14	监测信号
79	2024－07－11 01：07：23.000	PGC. SZX. GTU1G. CFB. CFB10. G1_AIN368	1 号机组状态监测：顶盖 X 向水平振动	1.11	监测信号
80	2024－07－11 01：07：32.000	PGC. SZX. GTU1G. CFB. CFB10. G1_AIN368	1 号机组状态监测：顶盖 X 向水平振动	1.19	监测信号
81	2024－07－11 01：07：36.000	PGC. SZX. GTU1G. CFB. CFB10. G1_AIN368	1 号机组状态监测：顶盖 X 向水平振动	1.21	监测信号

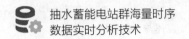
抽水蓄能电站群海量时序
数据实时分析技术

续表

序号	时间	源系统 id	名称	状态	来源
82	2024 - 07 - 11 01：07：41.000	PGC. SZX. GTU1G. CFB. CFB10. G1_AIN368	1 号机组状态监测：顶盖 X 向水平振动	1.22	监测信号
83	2024 - 07 - 11 01：07：44.000	PGC. SZX. GTU1G. CFB. CFB10. G1_AIN368	1 号机组状态监测：顶盖 X 向水平振动	1.15	监测信号
84	2024 - 07 - 11 01：07：49.000	PGC. SZX. GTU1G. CFB. CFB10. G1_AIN368	1 号机组状态监测：顶盖 X 向水平振动	1.19	监测信号
85	2024 - 07 - 11 01：07：52.000	PGC. SZX. GTU1G. CFB. CFB10. G1_AIN368	1 号机组状态监测：顶盖 X 向水平振动	1.16	监测信号
86	2024 - 07 - 11 01：08：00.000	PGC. SZX. GTU1G. CFB. CFB10. G1_AIN368	1 号机组状态监测：顶盖 X 向水平振动	1.2	监测信号
87	2024 - 07 - 11 01：08：04.000	PGC. SZX. GTU1G. CFB. CFB10. G1_AIN368	1 号机组状态监测：顶盖 X 向水平振动	1.11	监测信号
88	2024 - 07 - 11 01：08：10.000	PGC. SZX. GTU1G. CFB. CFB10. G1_AIN368	1 号机组状态监测：顶盖 X 向水平振动	1.16	监测信号
89	2024 - 07 - 11 01：08：14.000	PGC. SZX. GTU1G. CFB. CFB10. G1_AIN368	1 号机组状态监测：顶盖 X 向水平振动	1.12	监测信号
90	2024 - 07 - 11 01：08：21.000	PGC. SZX. GTU1G. CFB. CFB10. G1_AIN368	1 号机组状态监测：顶盖 X 向水平振动	1.15	监测信号
91	2024 - 07 - 11 01：08：29.000	PGC. SZX. GTU1G. CFB. CFB10. G1_AIN368	1 号机组状态监测：顶盖 X 向水平振动	1.13	监测信号

序号	时间	源系统 id	名称	状态	来源
92	2024 - 07 - 11 01：08：35.000	PGC. SZX. GTU1G. CFB. CFB10. G1_AIN368	1 号机组状态监测：顶盖 X 向水平振动	1.23	监测信号
93	2024 - 07 - 11 01：08：37.000	PGC. SZX. GTU1G. CFB. CFB10. G1_AIN368	1 号机组状态监测：顶盖 X 向水平振动	1.43	监测信号
94	2024 - 07 - 11 01：08：41.000	PGC. SZX. GTU1G. CFB. CFB10. G1_AIN368	1 号机组状态监测：顶盖 X 向水平振动	1.46	监测信号
95	2024 - 07 - 11 01：08：48.000	PGC. SZX. GTU1G. CFB. CFB10. G1_AIN368	1 号机组状态监测：顶盖 X 向水平振动	1.38	监测信号
96	2024 - 07 - 11 01：08：50.000	PGC. SZX. GTU1G. CFB. CFB10. G1_AIN368	1 号机组状态监测：顶盖 X 向水平振动	1.35	监测信号
97	2024 - 07 - 11 01：08：54.000	PGC. SZX. GTU1G. CFB. CFB10. G1_AIN368	1 号机组状态监测：顶盖 X 向水平振动	1.22	监测信号
98	2024 - 07 - 11 01：08：58.000	PGC. SZX. GTU1G. CFB. CFB10. G1_AIN368	1 号机组状态监测：顶盖 X 向水平振动	1.19	监测信号
99	2024 - 07 - 11 01：09：00.000	PGC. SZX. GTU1G. CFB. CFB10. G1_AIN368	1 号机组状态监测：顶盖 X 向水平振动	1.19	监测信号
100	2024 - 07 - 11 01：09：02.000	PGC. SZX. GTU1G. CFB. CFB10. G1_AIN368	1 号机组状态监测：顶盖 X 向水平振动	1.13	监测信号
101	2024 - 07 - 11 01：09：15.000	PGC. SZX. GTU1G. CFB. CFB10. G1_AIN368	1 号机组状态监测：顶盖 X 向水平振动	1.05	监测信号

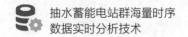

序号	时间	源系统 id	名称	状态	来源
102	2024－07－11 01：09：20.000	PGC. SZX. GTU1G. CFB. CFB10. G1_AIN368	1 号机组状态监测：顶盖 X 向水平振动	1. 16	监测信号

模拟量统计值趋势分析策略的输入配置没有配置具体的待监测模拟量，而是配置了相关联的策略（"1 号机组 P 工况顶盖 X 向水平振动"和"1 号机组 G 工况顶盖 X 向水平振动"）。分析过程读取配置里模拟量统计策略的运行分析结果，结合在一起进行二次计算。

以平均值为例，在指定的时间区间内，"1 号机组 P 工况顶盖 X 向水平振动"策略的平均值计算结果为 P_1、P_2、P_3。"1 号机组 G 工况顶盖 X 向水平振动"策略的平均值计算结果为 G_1、G_2、G_3。将以上两个策略的计算结果融合，并按时间排序为 P_1、P_2、G_1、G_2、P_3、G_3。

平均值差值累加值，就是针对结合在一起的模拟量组的平均值计算结果，相邻的数值两两求差，并取绝对值进行累加，计算公式为

$$|P_1 - P_2| + |P_2 - G_1| + |G_1 - G_2| + |G_2 - P_3| + |P_3 - G_3|$$

计算得到的平均值差值累加值，与设定值进行比较，大于设定值，则发出告警。

4.3.4　小结

连续取值得模拟量能够有效地表征设备运行状况，通过分析其变化趋势，在出现超出正常情形的变化率时及时告警，为运维人员在缺陷或故障发生初期及时介入提供了条件。

在模拟量取值趋势分析的基础上，还可以对模拟量进行统计分析，再以统计分析结果值作为趋势分析的输入从而获得统计值趋势。综合利用这些趋势取值，发现数值所反映的设备异常状况，使抽水蓄能电站的各系统和设备获得更全面的监视、保障。

4.4

本章小结

　　本章基于时序数据分析环境进行抽水蓄能电站设备缺陷和故障分析的
具体做法，重点介绍了两种核心业务场景：设备启停频次与运行时长分
析，以及模拟量趋势分析。这些分析方法对于提前识别和预防设备潜在的
缺陷和故障至关重要。

　　设备启停频次与运行时长分析部分，通过计算设备的启停次数和实际
工作时长，评估设备的完好率和利用率。在模拟量趋势分析部分，对单一
模拟量和多模拟量趋势综合研判的过程和示例进行了分析，着重讨论了监
测设备关键参数的变化斜率，以及如何通过这些斜率的异常变化来预测设
备故障。

　　时序数据环境配合模板定义和实时的时序数据分析，为抽水蓄能电站
提供了一种有效的设备缺陷和故障的预防手段。

第 **5** 章

实时分析技术集成-
设备健康度评价

电力设备的健康度评价是指对电力系统中设备的性能状态进行量化分析和评估，以确定其运行的健康状况和可能存在的潜在问题。通过将运行巡检实时分析技术、缺陷与故障实时分析技术及事件与事故实时分析技术集成，得到设备健康度评价技术。

通过确定抽水蓄能电站设备评价维度，设置各评价维度的权重，利用时序数据分析等产生的告警作为评价基础数据，计算出设备的健康度评价结果。动态计算的设备健康度用于设备维护、检修计划的制定，可有效地提高运维效率，也间接地提升了整个抽水蓄能电站整体运行的可靠性和经济性。

5.1
设备健康度评价技术原理

海量抽水蓄能时序数据支撑的开关量、模拟量及综合分析基于针对特定分析规则配置的分析策略。分析策略锚定到特定的设备及设备状态监测测点，即形成策略与设备台账的挂接。不同的策略代表了不同的评价维度。

设备健康度评价以大型设备为主要评价目标，这些设备通常是设备台账树中"系统"级别设备，如机组等。

根据设备关联的策略分析统计的结果，实行满分 100 分健康度制度，形成设备或系统的扣分情况。所有正确挂接的设备或系统，都会计算出设备健康度数值——总健康度及分项数据。

电厂状态监测系统的状态监测数据分析主题较多。不同功能位置类型的状态监测数据分析主题存在差异。同一功能位置类型不同品类的状态监测数据分析也存在差异。同一功能位置类型同一品类不同测点或不同类型测点的状态监测数据分析也存在差异。同一功能位置类型同一品类相同测点或相同类型测点不同分析方法获得的状态监测数据分析主题也存在差异。策略配置可以为分析方法的不同提供灵活性。

健康度评价结果用于驱动直观的设备健康度显示界面。设备健康度评价为此在配置状态监测数据分析主题时，对实测值、统计值、相对值设置告警阈值。根据设备健康度评价刷新频率对各单元机组各系统状态监测实例进行综合监视，当出现实时值越限、统计值越限、相对值劣化时，设备健康度分值受影响发生变化，可视化界面动态刷新设备健康度评价数值。

5.2
设备健康度评价技术方法

抽水蓄能电站电力设备健康度评价的状态监测方法，全面考虑电力设备状态监测各主题的分析特性，根据实测值、统计值、相对值的监测结果，对电力设备台账的功能位置类型和品类属性进行整合，按设备健康度评价刷新频率对单元机组各系统进行设备健康度评价，进而对单元机组整体进行综合监测，为技术人员既提供了电力设备整体性能实时监测方法，也提供了由各子系统、部件状态监测情况在线研判系统、设备整体性能的技术方法。

基于电力设备健康度评价的状态监测方法包括如下分析步骤（见图 5-1）：

（1）获取电力设备台账实例各功能位置类型的打分配置 P，获知单元机组各系统中各设备的状态监测情况 Q。

（2）计算得出单元机组各系统的健康度 F。

（3）获取单元机组设备健康度的综合分值 Z。

（4）当单元机组设备健康度的综合分值 Z 或系统健康度 F 低于阈值 δ_1 时，系统光字牌变红色并发出告警，跳至步骤（8）；当单元机组设备健康度的综合分值 Z 和系统健康度 F 不低于阈值 δ_1 时，系统光字牌不变色并不发出告警。

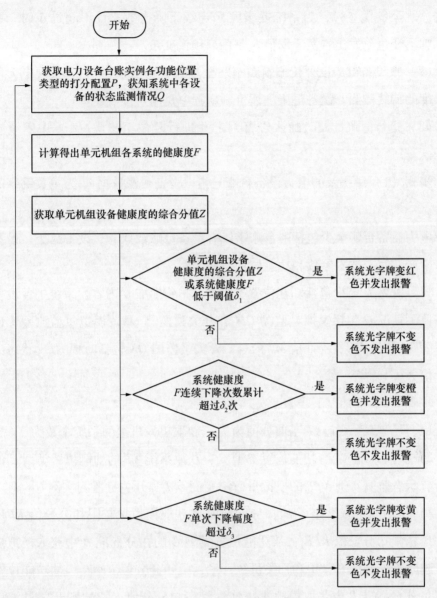

图 5 - 1 设备健康度评价过程

阈值 δ_1 是用户预设变量。

（5）当系统健康度 F 连续下降次数累计超过 δ_2 次时，系统光字牌变橙色并发出告警，跳至步骤（8）；当系统健康度 F 连续下降次数累计不超过 δ_2 次时，系统光字牌不变色不发出告警。阈值 δ_2 是用户预设变量。

（6）当系统健康度 F 单次下降幅度超过 δ_3 时，系统光字牌变黄色并发出

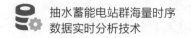
告警，跳至步骤（8）；当系统健康度 F 连续下降次数累计不超过 δ_3 时，系统光字牌不变色不发出告警。阈值 δ_3 是用户预设变量。

（7）按设备健康度评价刷新频率跳至步骤（1）继续执行，实现电力设备健康度的持续监测。设备健康度评价刷新频率是用户预设变量。

（8）运行值班员人工确认告警判定并进行复位至步骤（1）中继续执行监测。

步骤（1）中提及的电力设备台账是指以设备台账数据 id 为主关键字的二维表。

电力设备台账至少包括的台账字段有设备台账数据 id、设备品类、设备型号、生产厂家、技术参数和功能位置类型等。

打分配置 P 至少包括功能位置类型 G、扣分标准 B 内容。系统中各设备的状态监测情况 Q 包括模拟量监测 QM 和开关量监测 QK，模拟量监测 QM 包括时标 MT、测值 MZ、统计值 MJ 内容，开关量监测 QK 包括时标 KT、状态 KZ、统计值 KJ。

步骤（2）包括以下步骤：

1）设 $i=1$，系统 XT_i 当前分值为 F_i，获取单元机组的系统个数为 N。

2）获取系统 XT_i 的功能位置类型 G_i，获取系统 XT_i 的功能位置类型 G_i 的下级所有状态监测实例 XTT_i 的模拟量监测实例 QM_i 和开关量监测实例 QK_i。

3）从功能位置类型 G_i 的扣分标准 B_i 中获取模拟量越限扣分分值 KFM_i 和开关量越限扣分分值 KFK_i；从功能位置类型 G_i 的扣分标准 B_i 中获取模拟量统计量越限扣分分值 $KFTM_i$ 和开关量统计量越限扣分分值 $KFTK_i$；从功能位置类型 G_i 的扣分标准 B_i 中获取模拟量统计量状态扣分分值 $KFZM_i$ 和开关量统计量状态扣分分值 $KFZK_i$。

4）模拟量监测 QM_i 中若有模拟量监测实例出现模拟量测值 MZ 越限，则系统 XT_i 的健康度 $F_i = F_i - KFM_i$；开关量监测 QK_i 中若有开关量监测实例出现预设的告警开关量，即满足开关量状态 KZ，则系统 XT_i 的健康度 $F_i = F_i - KFK_i$。

5）模拟量监测 QM_i 中若有模拟量监测实例出现模拟量统计量 MJ 越限，则

系统 XT_i 的健康度 $F_i = F_i - KFTM_i$；开关量监测 QK_i 中若有开关量监测实例出现开关量统计量 KJ 越限，则系统 XT_i 的健康度 $F_i = F_i - KFTK_i$。

6）横向对比与系统 XT_i 同品类的各模拟量监测实例，系统 XT_i 中若有数值特性性能最差的监测实例，则系统 XT_i 的健康度 $F_i = F_i - KFZM_i$。横向对比与系统 XT_i 同品类的各开关量监测实例，系统 XT_i 中若有数值特性性能最差的监测实例，则系统 XT_i 的健康度 $F_i = F_i - KFZK_i$。

7）若 F_i 为负数，则 $F_i = 0$；当系统 XT_i 被重置，则 $F_i = 100$。

8）$i = i + 1$，若 i 的值不大于 N，则转至执行步骤 2），否则转至执行步骤 9）。

9）单元机组各系统的健康度 $F = F_i$，$i \in [1, N]$。

步骤（3）包括以下步骤：

1）设 $j = 1$，获取单元机组的台数 E。

2）获取第 j 台单元机组下级所有系统的健康度 F。

3）取健康度 F 的最小值为第 i 台单元机组设备健康度的综合分值 Z_j。

4）$j = j + 1$，若 j 的值不大于 E 则转至执行步骤 2），否则转至执行步骤 5）。

5）单元机组设备健康度的综合分值 $Z = Z_j$，$j \in [1, E]$。

在健康度分析的扣分计算中，扣分值按如下比例分配：

1）模拟量越限扣分分值 KFM_i 和开关量越限扣分分值 KFK_i 均为 50；模拟量统计量越限扣分分值 $KFTM_i$ 为 5。

2）开关量统计量越限扣分分值 $KFTK_i$ 为 10。

3）模拟量统计量状态扣分分值 $KFZM_i$ 为 2。

4）开关量统计量状态扣分分值 $KFZK_i$ 为 3。

系统光字牌为设置在厂站各单元机组主监视画面上设备状态指示模块，可发出白色光、红色光、橙色光、黄色光，其中白色表示该单元机组处于正常状态，红色表示该单元机组存在异常，橙色表示该单元机组性能在不断下降，黄色表示该单元机组的性能下降明显。一台单元机组配备一个系统光字牌，当该单元机组设备或该系统从属的单元机组设备处于非正常状态时，所对应的光字牌变色并告警。

单元机组各系统为单元机组下一级功能分组系统，包括球阀系统、发电机

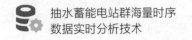
系统、水轮机系统、调速器系统、尾闸系统、励磁系统、冷却系统，可以为功能分组系统配置健康度评价策略。

5.3
设备健康度评价技术实例

以某电厂 1 号单元机组状态监测数据分析评价为例。

1 号单元机组的功能位置类型包括球阀系统、发电机系统、水轮机系统、调速器系统、尾闸系统、励磁系统、冷却系统。该电厂四台单元机组各功能位置类型设备为同品类设备。该电厂球阀系统有 8 个状态监测系统数据分析实例，分别为 1~4 号机组球阀油泵运行时间分析，1~4 号机组球阀开启效率分析。该电厂发电机系统共有 4 个状态监测系统数据分析实例，分别为 1~4 号机组异常开关量事件识别。该电厂水轮机系统共有 4 个状态监测系统数据分析实例，分别为 1~4 号机组水导瓦温温升监测。

按照上节描述的设备健康度评价的状态监测方法进行计算。

步骤（1）需要获取电力设备台账实例各功能位置类型的打分配置 P，获知单元机组各系统中各设备的状态监测情况 Q。读取以设备台账数据 id 为主关键字的二维表，获得电力设备台账表中设备台账数据 id、设备品类、设备型号、生产厂家、技术参数和功能位置类型等字段的取值。

打分配置 P 包括功能位置类型 G、扣分标准 B 内容（见表 5-1）。系统中各设备的状态监测情况 Q（见表 5-2）包括模拟量监测 QM 和开关量监测 QK，模拟量监测 QM 包括时标 MT、测值 MZ、统计值 MJ 内容，开关量监测 QK 包括时标 KT、状态 KZ、统计值 KJ。

计算得出单元机组各系统的健康度 F 的具体步骤为（步骤序号与评价方法中相同）：

1）设 $i=1$，系统 XT_1 为球阀系统，其当前分值 $F_1=100$，单元机组的系统个数为 $N=7$。

表 5-1 打分配置 *P*

功能位置类型	扣分标准 *B*					
	模拟量越限扣分分值 *KFM*	预设告警开关量扣分分值 *KFK*	模拟量统计量越限扣分分值 *KFTM*	开关量统计量越限扣分分值 *KFTK*	模拟量统计量状态扣分分值 *KFZM*	开关量统计量状态扣分分值 *KFZK*
球阀系统	50	50	5	10	2	3
发电机系统	50	50	5	10	2	3
水轮机系统	50	50	5	10	2	3
调速器系统	50	50	5	10	2	3
尾闸系统	50	50	5	10	2	3
励磁系统	50	50	5	10	2	3
冷却系统	50	50	5	10	2	3

表 5-2 设备的状态监测情况 *Q*

功能位置类型	监控系统数据分析实例	时标 *MT*	测值 *MZ*	统计值 *MJ*	时标 *KT*	状态 *KZ*	统计值 *KJ*
		模拟量监测实例 *QM*			开关量监测实例 *QK*		
球阀系统	球阀油泵运行时间分析		—		1号机组球阀油泵运行时间统计实例出现统计值越低限,开关量统计量越限扣分分值 $KFTK_1 = 10$		
	球阀开启效率分析		—		1号机组球阀开启效率最低,开关量统计量状态扣分分值 $KFZK_1 = 3$		
发电机系统	异常开关量事件识别		—		2号机组检修出现快速停机告警保持的开关量。预设告警开关量扣分分值 $KFK_2 = 50$		

功能位置类型	监控系统数据分析实例	时标 MT	测值 MZ	统计值 MJ	时标 KT	状态 KZ	统计值 KJ
		模拟量监测实例 QM			开关量监测实例 QK		
水轮机系统	水导瓦温温升监测	发电工况满负荷运行 30min 后，在全厂四台机组对比中，1号机组水导轴承瓦温测点温度最高。模拟量统计量状态扣分分值 $KFZM_3 = 2$			—		
调速器系统	—	—			—		
尾闸系统	—	—			—		
励磁系统	—	—			—		
冷却系统	—	—			—		

2）系统 XT_1 的功能位置类型 G_1 为球阀系统，其所有状态监测实例 XTT_1 的开关量监测实例出现 QK_1，即1号机组球阀油泵运行时间统计实例统计值越低限，1号机组球阀开启效率最低，如表 5-1 所示。

3）从表 5-1 所示功能位置类型 G_1 获取扣分标准 B_1。模拟量越限扣分分值 $KFMi$ 和开关量越限扣分分值 $KFKi$ 均为 50。模拟量统计量越限扣分分值 $KFTMi$ 为 5，开关量统计量越限扣分分值 $KFTKi$ 为 10，模拟量统计量状态扣分分值 $KFZMi$ 为 2，开关量统计量状态扣分分值 $KFZKi$ 为 3。

4）开关量监测 QK_1 中有开关量监测实例出现开关量统计量 KJ 越限，则系统 XT_1 的健康度 $F1 = F1 - KFTK1 = 100 - 10 = 90$。

5）横向对比与系统 XT_1 同品类的各开关量监测实例，系统 XT_1 中有数值特性性能最差的监测实例（1号机组球阀开启效率最低），系统 XT_1 的健康度 $F_1 = F_1 - KFZK_1 = 90 - 3 = 87$。

6）$i = i + 1 = 2$。

7）系统 XT_2 的功能位置类型 G_2 为发电机系统，1号机组无须扣分的状态监测，如表 5 – 2 所示，发电机系统健康度 $F_2 = 100$。

8）$i = i + 1 = 3$；系统 XT_3 的功能位置类型 G_3 为水轮机系统，其所有状态监测实例 XTT_3 的模拟量监测实例出现 QM_3，即发电工况满负荷运行 30min 后，在全厂四台机组对比中，1 号机组水导轴承瓦温测点温度最高，如表 5 – 2 所示。

9）从表 5 – 1 所示功能位置类型 G_3 获取扣分标准 B_3。

10）横向对比与系统 XT_3 同品类的各模拟量监测实例，系统 XT_3 中有数值特性性能最差的监测实例（发电工况满负荷运行 30min 后，在全厂四台机组对比中，1 号机组水导轴承瓦温测点温度最高），系统 XT_3 的健康度 $F_1 = F_1 - KFZK_1 = 100 - 2 = 98$。

11）同理，系统 XT_4（调速器系统），系统 XT_5（尾闸系统），系统 XT_6（励磁系统），系统 XT_7（冷却系统），1 号机组无须扣分的状态监测，如表 5 – 2 所示，健康度 $F_4 = F_5 = F_6 = F_7 = 100$。

12）单元机组各系统的健康度 $F = \{87, 100, 98, 100, 100, 100, 100\}$。

第（3）步中，获取单元机组设备健康度的综合分值 Z，具体计算包括以下步骤：

1）设 $j = 1$，获取单元机组的台数 $E = 4$。

2）获取第 1 台单元机组下级所有系统的健康度 $F = \{87, 100, 98, 100, 100, 100, 100\}$。

3）第 1 台单元机组设备健康度的综合分值 $Z_1 = 87$。

4）$j = j + 1$。

5）获取第 2 台单元机组下级所有系统的健康度 $F = \{100, 50, 100, 100, 100, 100, 100\}$。

6）第 2 台单元机组设备健康度的综合分值 $Z_2 = 50$。

7）同理，第 3 台单元机组设备健康度的综合分值 $Z_3 = 100$，第 4 台单元机组设备健康度的综合分值 $Z_4 = 100$。

8）单元机组设备健康度的综合分值 $Z = \{87, 50, 100, 100\}$。

第（4）步，当单元机组设备健康度的综合分值 Z 或系统健康度 F 低于阈值 δ_1 时，系统光字牌变红色并发出告警，跳至步骤（8）。在本例中，阈值 δ_1 为 60 分。当单元机组设备健康度的综合分值 Z 和系统健康度 F 不低于阈值 δ_1 时，系统光字牌不变色并不发出告警。当单元机组设备健康度的综合分值 Z_2 或 2 号机组发电机系统健康度 F_2 低于阈值 60 时，2 号机组和 2 号机组发电机系统光字牌变红色并发出告警。

第（5）步，当系统健康度 F 连续下降次数累计超过 δ_2 次时，系统光字牌变橙色并发出告警，跳至步骤（8）。本例中，阈值 δ_2 为 3。当系统健康度 F 连续下降次数累计不超过 δ_2 次时，系统光字牌不变色不发出告警。

第（6）步，当系统健康度 F 单次下降幅度超过 δ_3 时，系统光字牌变黄色并发出告警，跳至步骤（8）。本例中，阈值 δ_3 为 2 分。当系统健康度 F 连续下降次数累计不超过 δ_3 时，系统光字牌不变色不发出告警。1 号机组球阀系统和水轮机系统以及 2 号机组发电机系统的健康度 F 单次下降幅度超过 δ_3，1 号机组球阀系统和水轮机系统以及 2 号机组发电机系统光字牌变黄色并发出告警。

第（7）步，在本例中，按设备健康度评价刷新频率 0.5Hz 跳至步骤（1）继续执行，实现电力设备健康度的持续监测。

第（8）步，运行值班员人工确认告警判定并进行复位至步骤（1）中继续执行监测。

在人机界面中，通过雷达图等形式形象性地展示设备/系统的健康度（见图 5-2）。

需要详细查看细节数据时，可点击可视化图形中的元素。如点击设备或系统（机组），能定位到台账树。点击雷达图中的健康度评价可查看设备详细统计信息。

台账设备对应的策略的告警信息和健康度按天统计，统计信息形成健康度曲线图，曲线图中展示详细扣分得策略信息。根据策略配置中的告警等级，显示不同背景色，显示详细的告警信息。策略配置、策略详情、详细统计数据、告警信息等均可方便地跳转查看。

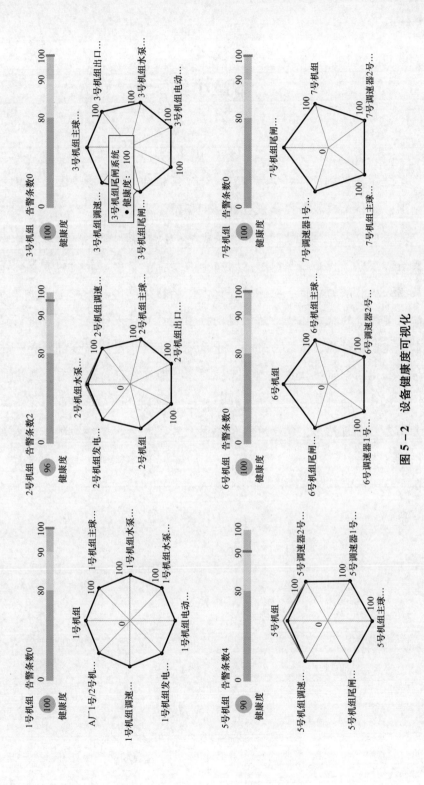

图 5 – 2 设备健康度可视化

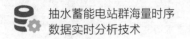
5.4
本章小结

在时序数据分析针对实测值、统计值、相对值的告警设置及计算分析基础上，结合工程经验提出设备健康度评价方法。

采用电力设备台账的功能位置类型和品类的视角组织状态监测数据分析实例，实现了状态监测数据分析结果的自适应整合，并全面考虑状态监测数据分析结果的特性，对相关评价方法进行标准化，实现了基于电力设备健康度评价的状态监测方法的自动检测和控制。设备健康度评价实现了抽水蓄能电站设备、系统与部件、子系统多维度状态的综合评价和一体化分析，细化的子系统状态监测为系统整体性能在线评价提供有力支持。

多路并发的时序数据分析支持健康评价即时完成，获得电力设备状态的量化分析分析结果，结合可视化界面，为实时全面感知和跟踪设备状态提供技术支持。

第**6**章

时序数据分析
技术路线

抽水蓄能电站的时序数据分析涉及对时间序列数据的收集、存储、处理和分析，需要处理数据来源多、数据量大、数据质量不均衡、数据分析的并发需求高等技术难题，通过构建时序数据分析环境达成设定的目标。抽水蓄能电站时序数据分析离不开对关系型表述的设备台账、水工构成等数据的引用，而同时包含了关系数据分析的环境（分析平台），实际上也是一个处理"大数据"的平台。

6.1
技术路线

时序数据分析整体技术路线由数据集成、数据存储、数据预处理、数据分析、数据发布、数据可视化等环节构成。

（1）数据集成。实时从各种数据源（各种业务系统或可直接访问的终端）收集数据，所获得的数据存储到数据分析环境的存储中。数据集成过程中，需确保数据的完整性和准确性，对不同系统中存在的重复数据，需要确定数据权重，根据权重合并使用。

（2）数据存储。根据数据特点，设计数据存储，将收集到的数据存储在存储系统中。结合关系数据库和分布式存储系统。充分利用分布式存储系统，特别是能够高效地处理大规模的时序数据的分布式时序数据库。

（3）数据预处理。在收集数据过程以及数据存储后，对数据进行清洗、转换和标准化，以确保数据质量。

（4）数据分析。开发数据分析引擎，支持定制流程的数据分析。如趋势

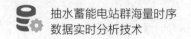
分析、异常检测等。

（5）数据发布。采用微服务化发布技术发布数据。数据微服务化发布是指将数据服务拆分成独立的、小型的、松耦合的服务单元，每个服务单元负责特定的功能或数据集。在电力时序数据分析环境中，数据微服务化发布可以提高系统的灵活性、可扩展性和可维护性。

（6）数据可视化。利用可视化技术，展示分析前和分析后的数据。通过数据可视化，使系统使用者能直观地理解数据。数据可视化页面还可通过页面分享技术被其他系统直接引用。

在开发语言方面，时序数据分析环境的软件模块使用 Java 语言开发，与主流的开源组件相容。支持在数据分析中嵌入 Python 代码。

6.2
环境构成

时序数据分析软件环境由完成不同任务的软件模块构成（见图 6-1）。整个分析环境分为三个大的层次——基础设施层、分析平台层和个性化应用层。通过基础设施和分析平台提供的定制化数据分析的能力，在个性化应用层定义数据分析规则完成时序数据分析。

基础设施层的软件模块选用成熟的开源分布式处理软件组件，分析平台层和个性化应用层的软件模块由技术团队自主开发。

时序数据的数据流转、分析处理过程见图 6-2。从数据采集到分析结果的可视化展示，涉及多个软件模块和数据处理步骤。时序数据分析由多个组件协同工作，确保数据的实时采集、存储、处理、分析和可视化。

数据采集是时序数据分析的起点。使用 Kafka 收集和传输实时数据流。Kafka 能够以高吞吐量处理数据，起到数据集散中心的作用，确保数据的实时性和可靠性。

采集到的数据经实时同步和计算后，存储在适合的系统中，以便于后续的

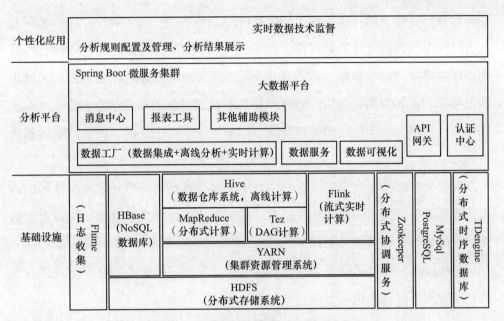

图 6 – 1　时序数据分析软件环境分层架构

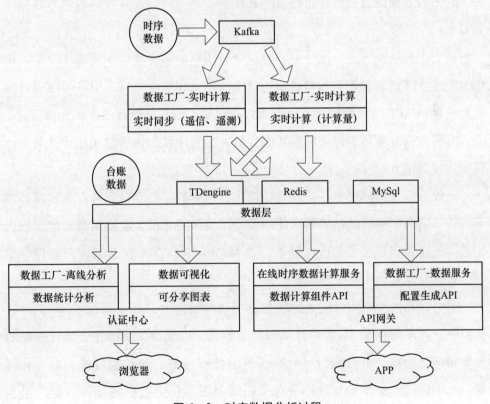

图 6 – 2　时序数据分析过程

处理和分析。使用的存储组件包括 TDEngine、Redis 和 MySQL 等。TDEngine 是专为时间序列数据设计的数据库，能够优化时间序列数据的插入和查询性能，利用该组件存储时序数据，累积成历史数据。Redis 作为内存化、分布式键值数据库，利用其快速数据访问能力，在其中存储最新的实时数据断面。MySQL 则作为轻量型关系型数据库管理系统，用于存储结构化数据，以支持对数据进行 SQL 查询、分析。

数据处理环节由数据工厂承担，其中实时计算模块负责处理实时流入的数据，进行必要的数据清洗和转换；离线分析模块则处理批量数据，执行对结构化数据的各类定制数据分析任务。

在线时序数据计算服务是时序数据分析计算的关键服务，在其中完成并发的时序数据分析任务执行。

数据服务模块提供数据接口和数据共享服务，支持数据统计分析和生成可分享的图表。提供数据计算组件 API 和配置生成 API，以支持定制化的数据服务需求。

在安全和认证方面，认证中心确保所有用户访问的合法性，而 API 网关则作为所有 API 请求的统一入口，负责请求的路由和响应处理。用户可以通过浏览器或移动 APP 访问数据可视化界面，获取实时更新的统计图表和分析报告。

时序数据分析环境包括离线数据分析、实时计算和在线时序计算等关键计算模块（见图 6-3）。

离线数据分析模块专注于处理结构化及历史数据集。它通常在非实时环境下运行，适合于执行复杂的数据处理任务，如深度分析、趋势预测和批量报告生成。该模块利用强大的计算框架，如 MapReduce、Tez 和 Hive，来处理存储在分布式存储系统中的大量数据。

实时计算模块对实时流入的数据进行快速处理和分析。采用 Flink 实时计算引擎，处理来自 Kafka 等消息队列的流数据，以支持实时监控、事件驱动的决策和即时反馈。负责执行实时数据流的计算任务，如数据过滤、聚合和转换，其中流式实时同步与计算节点负责实时沉淀历史数据和计算数据的最新断面。

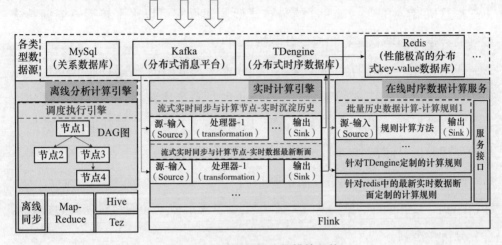

图 6 – 3　时序数据分析模块架构

在线时序数据计算模块专门设计用于高效处理和分析连续时间序列数据。该模块集成了针对 TDEngine 和 Redis 等分布式时序数据库和高性能 key – value 数据库的定制计算规则，能够快速响应业务需求，为实时监控、事件驱动的决策和即时反馈提供强大的数据支持。

6.3
基础设施

时序数据分析环境的基础设施包括 Hadoop 开源框架软件组件，以及与之配合的 ZooKeeper、Kafka、Flink、关系数据库、时序数据库、Flume 等。

6.3.1　Hadoop

Hadoop 是一个开源框架，由 Apache 软件基金会开发，用于在普通硬件集群上存储和处理大量数据。Hadoop 是集合了分布式文件存储、数据并行处理等核心技术的分布式并行计算平台，具有高效、可靠、易扩展等技术优势。

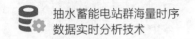

Hadoop 适用于需要处理大量数据的场景，例如时序数据分析、日志分析、数据挖掘、机器学习等。Hadoop 的分布式架构使得它可以水平扩展，根据系统处理的数据量的增长配置相应的计算资源。

Hadoop 的核心组件包括 HDFS、MapReduce、YARN 和 Hadoop Common 等（图 6-1 基础设施层中间部分）。Hadoop 生态系统还包括许多其他组件和工具，如列数据库（HBase）、数据仓库（Hive）等，这些工具帮助用户更高效地处理和分析存储在 Hadoop 集群中的数据。

随着分布式大数据分析应用不断扩展，Hadoop 与 Flume、ZooKeeper、Kafka、Flink、TDEngine、MySQL 等组件配合，扩展形成了功能相对完善的大数据计算分析生态圈。

6.3.1.1 HDFS

HDFS（Hadoop Distributed File System）是 Hadoop 底层的文件存储系统，可以支持超大文件的存储。HDFS 解决了大数据分布式存储问题，支持高吞吐量的数据访问。

HDFS 将数据分散储存在通过网络连接的不同节点上，实现数据的统一化管理。HDFS 具有高容错机制，可以设置副本的保存数量。在某个数据节点出现问题的时候，可以调用其他数据节点上保存的数据块。

HDFS 采用 Master/Slave 的架构模式，主要由 NameNode 和 DataNode 组成。NameNode 是主（Master）节点，具有热备份功能，负责集群的客户端的读写请求及数据映射，即保存 DataNode 存储的数据块的信息，管理 HDFS 的副本存储和名称空间。DataNode 是辅（Slave）节点，负责存储客户端发来的数据块及执行读写操作。Master 和 Slave 通过心跳机制保存通信。通过侦测节点的"生存"状况，HDFS 完成数据在多节点的冗余保存，可实现节点故障情况下的动态替换。

6.3.1.2 MapReduce

MapReduce 是一种编程模型，用于处理和生成大型数据集。由两个主要阶段 Map（映射）和 Reduce（归约）组成，Map 阶段负责处理数据并生成键值对，Reduce 阶段负责合并 Map 阶段的输出。通过将复杂的数据处理任务分解为简单的 Map 和 Reduce 步骤，使得在分布式计算环境中进行大规模数据集的处理变得可行和高效。

　　Map 阶段，输入数据被分割成多个小的数据块，每个数据块由一个 Map 任务处理。Map 函数接受输入数据块，然后将其转换为一系列的键值对（key - value pairs）。Map 函数的输出是中间结果，这些结果被 Shuffle 阶段处理后，再传递到 Reduce 阶段。Shuffle 负责将 Map 阶段输出的键值对进行排序和分组。根据 Map 函数输出的键（key），Shuffle 将具有相同键的所有值聚集在一起，为 Reduce 阶段做准备。

　　在 Reduce 阶段，Shuffle 阶段排序和分组后的键值对被传递给 Reduce 任务。Reduce 函数接受具有相同键的所有值，并执行归约操作，如求和、平均等，生成最终的输出结果。

　　MapReduce 支持多种数据输入格式，如文本文件、二进制文件等。输出结果通常存储在分布式文件系统（如 Hadoop 的 HDFS）中，可以是文本文件或其他格式。

　　MapReduce 框架负责任务调度、监控、资源管理以及处理任务失败时的恢复工作。框架确保每个 Map 和 Reduce 任务都能在集群中的不同节点上并行执行。框架提供了优化机制，如合并小文件、压缩中间数据等，以提高处理效率。MapReduce 设计用于在大规模集群上运行，可以处理 PB 级别的数据。通过增加更多的节点，MapReduce 可以水平扩展以处理更大的数据集。MapReduce 框架具有容错机制，能够处理节点故障和任务失败。如果任务失败，框架会自动重新调度任务到其他节点。

　　MapReduce 通过简化分布式数据处理的复杂性，使得开发者能够专注于数据处理逻辑的实现，而不必担心底层的分布式计算细节。开发者可以使用 Java 或其他支持的编程语言来编写 MapReduce 程序。程序主要指定义数据处理逻辑的 Map 和 Reduce 函数。

6.3.1.3　YARN

YARN（Yet Another Resource Negotiator）是一个资源管理和作业调度系统，负责时序数据分析环境 Hadoop 集群的资源管理和作业调度。YARN 允许

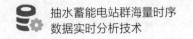
Hadoop 与其他数据处理框架（如 Apache Spark）一起运行。

YARN 包括的主要组件有资源管理（ResourceManager，RM）、节点管理（NodeManager，NM）、作业管理（ApplicationMaster，AM）、容器（Container）等。

RM 是 YARN 的主控节点，负责整个集群资源的管理和调度，接受来自客户端的作业请求，调度资源，并监控集群状态。NM 运行在集群的每个节点上，负责管理单个节点的资源，NM 执行 RM 分配的任务，监控节点健康状况，并报告资源使用情况。AM 负责协调作业的执行，向 RM 请求资源，并与 NM 交互以启动任务。Container 是 YARN 中的资源抽象，代表一组资源（如 CPU、内存），应用程序通过 Container 运行任务。

YARN 的工作流程：

（1）提交作业。用户通过客户端提交作业到 ResourceManager。

（2）调度作业。ResourceManager 根据集群资源状况和调度策略，决定作业的执行。

（3）启动 ApplicationMaster。ResourceManager 为作业分配第一个 Container，并启动 ApplicationMaster。

（4）资源请求。ApplicationMaster 向 ResourceManager 请求更多的 Container 资源。

（5）执行任务。ResourceManager 将任务分配给 NodeManager，NodeManager 在 Container 中执行任务。

（6）监控和报告。NodeManager 监控任务执行并报告状态给 ApplicationMaster 和 ResourceManager。

（7）作业完成。所有任务完成后，ApplicationMaster 向 ResourceManager 报告作业完成。

YARN 采用灵活的调度策略，支持多种调度器，能够协同 MapReduce、Spark、Tez 等多种数据处理框架。YARN 提供资源隔离机制，确保不同作业之间不会相互干扰。

YARN 设计了高可用性架构，包括 ResourceManager 的主备切换和 NodeManager 的故障恢复。YARN 支持大规模集群，可以管理数以千计的节点和数以万计的作业。

YARN 支持安全特性，如认证、授权、数据加密和网络安全，提供丰富的监控接口和工具，帮助管理员和用户监控集群状态和诊断问题。

YARN 的设计目标是提高 Hadoop 集群的资源利用率和作业调度效率，它的出现使得 Hadoop 不再仅仅是一个 MapReduce 框架，而是一个更加通用的大数据平台。

6.3.1.4　Hadoop Common

Hadoop Common 是 Hadoop 生态系统的基础，提供 Hadoop 生态系统中所有项目通用的类库和工具，为上层组件提供了必要的支持和服务。

Hadoop Common 为其他组件如 HDFS、MapReduce 和 YARN 等提供支持。关键特性包括 Java API、文件系统抽象、I/O 抽象、网络通信、配置管理、序列化框架、安全框架、资源管理等，还提供系列的工具和库，如命令行工具、Jar 包管理、压缩/解压缩工具等。

6.3.1.5　HBase

HBase 是一个开源的非关系型分布式数据库（NoSQL）。HBase 基于 HDFS 构建。HBase 设计用于存储大量稀疏的数据集，并且提供快速的随机读写访问。HBase 的关键特性包括：

（1）列式存储。HBase 是一个列式存储系统，这意味着它将数据存储为列族，而不是行。每个列族可以独立进行扩展和优化。

（2）分布式架构。HBase 通过 Hadoop 的 HDFS 实现数据的分布式存储，能够实现横向扩展，处理 PB 级别的数据。

（3）可扩展性。HBase 可以很容易地通过增加更多的服务器来扩展，以支持更大的数据集和更高的读写负载。

（4）高可用性。HBase 通过 Region 服务器的 Master – Slave 复制机制，以及 HDFS 的副本机制，提供了高可用性。

（5）强一致性。HBase 提供了强一致性的数据访问，确保在任何时间点，对数据的读取都是最新的。

（6）灵活的数据模型。HBase 的数据模型非常灵活，可以存储结构化、半

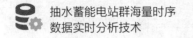
结构化和非结构化的数据。

（7）MapReduce 集成。HBase 与 Hadoop 的 MapReduce 框架紧密集成，可以用于大规模数据的批量处理。

（8）压缩和分区。HBase 支持数据压缩和分区，可以优化存储效率和查询性能。

此外，HBase 提供了丰富的 JavaAPI，用于数据的增删改查操作，同时通过提供 Thrift 和 RESTGateway，允许使用其他编程语言进行数据访问。HBase 支持服务器端的过滤器和计数器，可以用于复杂的查询和数据聚合。

除基于 API 访问 HBase 外，系统管理和维护人员还可通过 HBase 提供的命令行界面执行管理任务和数据操作。

HBase 适用于需要快速读写访问和大规模数据存储的场景，例如时间序列数据、用户行为日志、实时分析等。

6.3.1.6 Hive

Hive 是一个基于 Hadoop 的数据仓库工具。Hive 通过提供一种类似于 SQL 的查询语言（HiveQL），查询和分析存储在 Hadoop 分布式文件系统（HDFS）或其他数据源中的大数据。

Hive 允许开发者和分析师能够轻松地处理和分析大规模数据集，而无须深入了解底层的 MapReduce 编程模型。

Hive 支持专为大数据环境优化的 HiveQL 的查询语言，将数据抽象成表和分区，使得用户可以像操作传统数据库一样进行数据查询和管理。Hive 支持多种数据类型，包括原始类型和复杂类型。Hive 提供了大量的内置函数，包括字符串、数值、日期、JSON 等类型的处理函数，用户可以编写自定义的函数，以扩展 Hive 的功能。

Hive 可以创建表来组织数据，以及创建分区来优化查询性能，特别是对于大型数据集。支持数据压缩，可以减少存储空间的使用并提高查询性能。在 Hive 中可通过添加索引提高查询性能。Hive 支持多种存储格式，包括文本文件、SequenceFile 等。

数据导入和导出方面，Hive 提供数据导入和导出的工具，可以方便地将数据从 Hive 迁移到其他系统，或从其他系统迁移到 Hive。

Hive 可以与其他大数据工具和平台集成，如 HBase、Spark 等。Hive 可以运行在 Tez 上，Tez 是一个用于构建 YARN 上的复杂数据处理应用程序的框架，它比传统的 MapReduce 更高效。

Hive 提供命令行界面和 Web UI，用于执行 HiveQL 查询和监控管理 Hive。

Hive 的主要优势在于它简化了大数据处理的过程，使得用户可以使用熟悉的 SQL 语法来处理和分析大规模数据集。此外，Hive 还提供了丰富的功能和优化，以支持高效的数据仓库操作。

6.3.2　ZooKeeper

ZooKeeper 是一个开源的分布式服务协调框架，Apache 的顶级项目之一。ZooKeeper 被广泛应用于需要高度一致性的分布式环境中，如大数据处理（如 Hadoop、HBase）、消息队列（如 Kafka）、微服务架构（如 Dubbo）等场景中，用于解决分布式系统中的一致性问题、提供配置管理、同步服务、命名服务、分布式锁和集群管理等功能。

ZooKeeper 的基本原理和核心特性包括：

（1）数据一致性。ZooKeeper 使用了一种称为 ZAB（ZooKeeper Atomic Broadcast）的原子广播协议来实现分布式环境下的数据一致性，确保任何时候所有服务器上的数据副本都是一致的。它提供了一种类似于"一次性"的读操作——读取到的数据总是最新的且已经过半数节点确认的。

（2）ZNode 数据模型。ZooKeeper 的数据模型是一个树形结构（称为 ZNode 树），每个节点（ZNode）都可以存储数据并且可以有子节点。通过层次化的命名空间方便数据的组织和访问。

（3）多节点类型。节点分为持久节点（Persistent）、临时节点（Ephemeral）和有序节点（Sequential）。持久节点不会因为创建它的客户端会话结束而消失；临时节点与客户端会话绑定，会话结束时节点自动删除；有序节点会在节点名后附加一个单调递增的数字，便于排序和唯一性。

（4）Watcher 机制。ZooKeeper 提供了 Watcher 注册与触发机制，允许客户端向服务端注册监听特定事件（如节点创建、删除、数据更新等），当这些事件发生时，服务端会向客户端发送通知。

（5）选举机制。在集群模式下，ZooKeeper 使用一种称为 Paxos 的变体算法（FastLeaderElection）进行领导者选举。选举过程中，节点根据服务器标识、数据标识和逻辑时钟等条件确定领导权，确保集群中只有一个主节点（Leader），其他为跟随者（Follower）或观察者（Observer）。

（6）服务保证。ZooKeeper 提供了顺序一致性、原子性、单一系统映像、可靠性、及时性等服务保证，使得它能够作为分布式系统中各种协调任务的基础。

时序数据分析系统基于 ZooKeeper 实现配置管理。在 ZooKeeper 中集中管理应用配置，当配置发生变化时，ZooKeeper 可以通知所有相关应用。

利用 ZooKeeper 进行时序数据分析环境的计算机集群管理，监控集群状态，管理节点加入与退出，实现服务发现和负载均衡。ZooKeeper 集群通常以奇数个节点部署以确保高可用性和容错性。最小配置为 3 个节点，以允许一个节点失败而不影响整体服务。部署模式包括单机模式（用于测试）、伪分布式模式和全分布式模式。

ZooKeeper 作为一个强大的分布式协调工具，通过其简洁而强大的 API，为开发者提供了一套构建可靠、可扩展的分布式系统所需的核心服务。

6.3.3　Kafka

在时序数据分析环境中，需要高效、可靠的消息传递组件。Apache Kafka 作为一个开源的分布式流处理平台，具有高吞吐量、低延迟以及可扩展的特性，适宜作为构建实时数据管道和流处理应用的软件组件。

Apache Kafka 是由 LinkedIn 开发，并于 2011 年开源，后成为 Apache 软件基金会的顶级项目。Kafka 不仅是一个消息队列系统，更是一个完整的流处理平台，能够处理实时数据流的发布订阅、存储和处理。其设计理念源自分布式发布/订阅消息系统，提供了独特的分区日志架构，使得它在大规模数据流处理场景中表现卓越。

6.3.3.1 架构与组件

Kafka 的核心架构围绕四个主要组件构建：Producer（生产者）、Broker（代理服务器）、Topic（主题）和 Consumer（消费者），共同构成了一个高效的数据传输与处理框架。

Producer 负责产生数据并将数据发送到 Kafka 集群中的指定 Topic。Broker 是 Kafka 集群中的服务器节点，负责存储和转发消息，每个 Broker 都可以管理多个 Topic 的多个 Partition（分区）。Topic 是逻辑上的数据流通道，消息被发布到 Topic 中；每个 Topic 可以分为多个 Partition，实现水平扩展和数据并行处理。Consumer 订阅 Topic 并消费消息，支持组消费模式，同一组内的消费者会自动分配分区，实现消息的负载均衡。

在 Kafka 中，数据是以 Topic 的形式组织的，每个 Topic 可以视为一类消息的逻辑名称。为实现高吞吐量和可扩展性，每个 Topic 又被划分为多个 Partition。Partition 是物理上的消息队列，每个 Partition 内部的消息是有序的，而 Partition 之间则通过分区器（Partitioner）策略来决定消息的归属，常见的分区策略包括基于消息键的哈希分区和轮询分区等。

为保证系统的高可用性和容错性，Kafka 引入了副本（Replication）机制。每个 Partition 都有多个副本（Replica），其中一个是主分区（Leader Partition），其余的是从分区（Follower Partition）。Leader 负责读写操作，Follower 则定期从 Leader 同步数据以保持数据的一致性。当 Leader 失效时，Kafka 通过内置的选举机制从 Follower 中选出新的 Leader 继续服务，确保数据不中断。

6.3.3.2 关键特性

Kafka 具备以下关键特性：

（1）高吞吐量与低延迟。通过磁盘顺序读写和零拷贝技术，Kafka 能在保持高吞吐的同时，实现毫秒级的数据传输延迟。

（2）持久化与可靠性。所有发布到 Kafka 的消息都会被持久化到磁盘，并支持可配置的消息保留策略，确保数据不会丢失。支持事务和幂等性，使

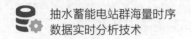

Kafka能够提供"精确一次"语义保证，即消息在生产和消费过程中仅被处理一次。

（3）横向扩展性。通过增加 Broker 数量和 Topic 的 Partition 数量，Kafka 能够几乎线性地扩展其处理能力和存储容量。

（4）流式处理。Kafka Streams API 和 KafkaConnect 等工具让 Kafka 不仅限于消息传递，还直接支持复杂的流处理逻辑。支持创建无状态和有状态的流处理应用，提供丰富的窗口操作、聚合函数以及连接操作，能够简化实时数据处理的开发过程。

6.3.3.3　小结

Kafka 的应用范围涵盖需要高效数据交换和实时处理的场景，在时序数据分析环境中消息中间件，同时利用其强大的流处理能力、高度的可扩展性和灵活性，实现数据实时分析与决策支持。

6.3.4　Flink

Apache Flink 是一款高性能、分布式、面向流处理和批处理的开源计算框架，旨在为大规模数据处理提供低延迟、高吞吐量的解决方案。Flink 不仅能够处理无界数据流（如实时日志、传感器数据），还能高效地处理有界数据集（如历史数据批处理），实现了"流批一体"的处理范式，极大地简化了大数据处理的复杂度。

Flink 被设计用于在大规模数据流上进行高性能、低延迟的数据处理，具有出色的流处理能力、状态管理、时间和窗口处理以及容错机制。

Flink 的编程模型基于数据流和转换操作，提供一个高性能、低延迟、高吞吐量且易于使用的流处理框架，同时保持对开发者友好的编程模型和强大的生态系统支持。开发者可以使用 DataStream API 来创建数据流，并通过各种转换操作（如 map、filter、reduce、join 等）来处理数据。对于需要更高级抽象的场景，可以使用 DataSet API 来处理有界数据集。

6.3.4.1 架构和组件

Flink 的架构和组件包括以下主要部分：

（1）Runtime Core。Flink 的分布式执行引擎，负责任务调度、资源管理、数据传输及故障恢复等核心功能。

（2）JobManager。负责作业的生命周期管理，包括作业的提交、调度、监控和重启。维护作业的执行计划，即作业图（JobGraph），并将其转换成执行图（ExecutionGraph）。

（3）TaskManager。实际执行任务的工作节点，负责执行 JobManager 分配的任务。管理自己的内存和处理能力，与 JobManager 通信以汇报状态和进度。

（4）ResourceManager。负责管理集群资源，如 CPU 核心、内存等，以及任务的分配。与集群管理器（如 YARN、Mesos 或 Kubernetes）交互以获取资源。

（5）Dispatcher。在 Flink 1.5 之后引入，用于接收作业提交并将其分配给 JobManager。支持高可用性和动态作业提交。

（6）HistoryServer。为已完成的作业提供历史信息和统计数据。允许用户查看过去作业的执行详情。

（7）WebUI。提供一个交互式的 Web 用户界面，用于监控作业执行、集群状态和配置。

（8）DataStream API。提供了面向流处理的高级 API，允许用户以 Java 或 Scala 编写处理无界数据流的应用程序。

（9）DataSet API。针对批处理场景设计，同样支持 Java 和 Scala，适用于静态数据集（有界数据集）的处理。

（10）Libraries。一系列预定义的库，支持机器学习、图形处理、表处理等多种应用场景，丰富了 Flink 的功能。

6.3.4.2 工作流程

基于 Flink 架构的数据分析流程：

（1）作业提交。用户通过客户端提交 Flink 作业到集群。

（2）作业分配。Dispatcher 接收作业提交请求，并将其分配给一个 Job-

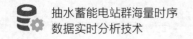
Manager。

（3）资源申请。JobManager 向 ResourceManager 请求必要的资源。

（4）任务调度。ResourceManager 分配资源后，JobManager 调度任务到各个 TaskManager。

（5）执行与监控。TaskManager 执行分配的任务，并将执行进度和状态汇报给 JobManager。

（6）状态管理。TaskManager 负责操作符状态的本地存储，并在检查点时将状态保存到持久化存储中。

（7）故障恢复。在发生故障时，JobManager 利用保存的检查点状态进行故障恢复。

（8）作业完成。所有任务执行完成后，JobManager 标记作业为完成状态，并通知 Dispatcher。

6.3.4.3 流处理与事件时间

Flink 引入了事件时间（EventTime）、处理时间（Processing Time）和摄取时间（IngestionTime）三种时间概念。Flink 强调事件时间的概念，这是流处理中的一个关键特性。它允许用户基于数据生成的时间而非数据被处理的时间进行计算，即使数据乱序到达也能保证结果的正确性。通过水印（watermark）机制，Flink 能够高效地处理时间相关的窗口计算和聚合操作。水印的引入，使 Flink 能正确处理乱序事件或延迟到达的事件，是 Flink 处理时间敏感数据流的关键机制。

6.3.4.4 状态与容错机制

Flink 实现了精细的状态管理机制，允许用户在处理流时维护丰富的状态信息。Flink 的容错机制基于分布式快照算法，状态可以在内存中高效维护，并且通过检查点（checkpointing）和保存点（savepoints）机制实现故障恢复，保证了在出现故障时能够从最近的一个一致状态恢复，而不会丢失或重复处理数据，从而达到"精确一次"（exactly - once）的处理语义。

Flink 支持多种状态后端，如内存状态后端、文件系统状态后端（如 HDFS）等，以适应不同的性能和持久性需求。

6.3.4.5　分布式部署与资源管理

Flink 支持多种部署方式，包括本地单机模式、独立集群模式以及在各种资源管理器上运行（如 YARN、Mesos、Kubernetes）。这种灵活性使得 Flink 能够轻松融入现有的大数据生态系统中，根据需求动态调整资源分配，实现高度可扩展性和资源优化。

6.3.4.6　Flink 与其他技术的对比

与其他大数据处理框架相比，如 ApacheSpark 和 ApacheStorm，Flink 在低延迟流处理、事件时间处理、状态管理以及容错机制方面展现了显著的优势。尤其是其统一的编程模型，使得开发者能够更加便捷地应对多样化的数据处理需求。

6.3.4.7　小结

Flink 以其强大的流处理能力、灵活的批处理支持、精确的时间处理机制以及强大的状态和容错管理，成为现代大数据处理领域的重要工具。无论是实时分析、数据管道还是复杂事件处理，Flink 都能提供高效、可靠的解决方案，满足不同场景下的数据处理需求，成为业界广泛认可的实时大数据处理的领先工具之一。

6.3.5　关系数据库

时序数据分析环境中需要使用关系数据库存储一些结构化的数据，采用开源领域应用量大、性能均衡的 MySQL。MySQL 是一个广泛使用的开源关系型数据库管理系统（RDBMS），以其高性能、可靠性和易用性而闻名。作为一个基于 SQL 的系统，MySQL 提供了强大的数据查询和管理能力，同时支持多种操作系统平台。

MySQL 支持 ACID 事务，能够确保数据的完整性和一致性，适合需要事务处理的各种应用场景。MySQL 具备易于维护的特性，通过 MySQL Workbench 等管理工具简化了数据库的维护和管理，活跃的开发者社区可提供广泛的文档和第三方工具支持，可扩展性、安全性等各方面能够满足应用需求。

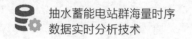
对于时序数据分析环境而言，MySQL 提供了一种关系数据存储的基础组件选择。可在需求变更时，增加其他关系数据库实例的部署。

6.3.6　TDEngine

TDEngine 是国产的一个高效的存储、查询、分析时序数据的分布式时序数据库，全称时序数据库引擎（Time Series Database Engine），是一个专为时间序列数据设计的高性能、高可靠性、可伸缩的分布式数据库系统，适用于海量时间序列数据的存储、查询和分析问题。

TDEngine 能够高效存储、查询和分析时序大数据，还内置了缓存、流式计算、数据订阅等高级功能，支持 TB 乃至 PB 级数据的高效汇聚、存储、分析和分发。采用 TDEngine 组件，能简化时序数据分析环境的架构设计，降低研发和运维的成本。

TDEngine 的核心特性包括：

（1）高压缩比。采用了高效的数据压缩算法，能够在保证数据精度的前提下，大幅降低存储空间的需求，通常能够达到 10 倍甚至更高的压缩比。

（2）高性能。针对时间序列数据的特点进行了优化，支持每秒千万级别的数据点插入，以及毫秒级别的查询响应时间。相比传统数据库，在时序数据处理方面提供了 10 倍以上的性能提升，这得益于其专为时序数据设计的存储引擎和优化的查询算法。

（3）分布式架构和可扩展性。支持水平扩展，通过 NoSQL 技术实现集群化部署，确保了系统的高可用性和数据的一致性。可以通过简单地增加节点来提高系统的处理能力和存储容量，满足不断增长的数据量需求。

（4）云原生设计。能够方便地融入现代云基础设施，支持 Kubernetes 等容器编排工具，便于管理和自动扩缩。

（5）SQL 兼容性。提供了丰富的 SQL 接口，支持复杂的时间序列数据查询和聚合操作，同时支持多表查询、窗口函数等高级功能。用户可以像使用 MySQL 一样操作 TDEngine，使得从关系型数据库迁移至时序数据库的学习成本大大降低。

（6）一体化解决方案。集成了数据存储、缓存、流式计算等功能，减少了依赖外部组件的需求，简化了系统架构。提供数据采集、存储、查询、分析和可视化的全套工具和接口，方便用户快速构建端到端的解决方案。

（7）灵活的数据模型。采用一表一设备的模型，配合静态和动态标签，使得数据组织更加有序且易于查询。采用了优化的关系型数据模型，每个设备或传感器对应一张表，每张表代表一种类型的数据流，且所有子表共享相同的结构。这种设计简化了数据的组织结构，提升了查询效率。此外，通过定义超级表来管理一系列具有相同模式的子表，允许在运行时修改标签，增加了模型的灵活性。

TDEngine 支持多种部署方式，包括但不限于直接安装、使用 Docker 容器快速部署，以及在集群中的部署。其丰富的 API 接口和客户端库，如 Java、Python、C++ 等，方便了与各种应用程序的集成。

作为一款专为时序数据设计的数据库系统，TDEngine 凭借其在性能、易用性、扩展性等方面的显著优势，适宜作为时序数据分析环境的基础组件。

6. 3. 7　Flume

Apache Flume 是 Apache 软件基金会旗下的顶级项目，最初由 Cloudera 开发并贡献给 Apache 社区。它的设计目标是提供一个简单、灵活且强大的工具来收集、聚合和可靠地将大量日志数据传输到诸如 HDFS、HBase 等集中存储系统中。Flume 特别适合处理流式数据，尤其是在日志文件生成速度极快、数据量庞大的环境中。

6. 3. 7. 1　架构与组件

Flume 的核心架构围绕三个主要组件构建：Source、Channel 和 Sink，共同构成一个高度灵活且可配置的数据传输管道。

Source 是数据的入口点，负责接收或捕获原始数据。Flume 支持多种数据来源，包括文件、网络套接字、Kafka 等，通过配置不同的 source 类型，可以

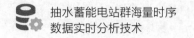
适应多样化的数据收集需求。

Channel 作为 Source 和 Sink 之间的缓冲区，临时存储数据事件。它确保了事件在传输过程中的可靠性和顺序性，支持内存、文件系统等多种存储介质，以适应不同的性能和可靠性要求。

Sink 是数据的目的地，负责将数据最终写入目的地系统，如 HDFS、数据库或其他 Flume 实例。Sink 的设计允许数据进一步被处理或转发，增加了系统的灵活性和可扩展性。

6.3.7.2　关键特性

Flume 具备分布式日志处理所需的关键特性：

（1）分布式与高可用性。Flume 支持多 agent 配置，每个 agent 可以在不同节点上运行，形成分布式系统。结合 ZooKeeper 进行协调管理，增强了系统的整体可靠性和容错能力。

（2）事务保证。Flume 的 Channel 基于事务机制，确保数据在 Source 到 Sink 的整个流程中不丢失、不重复，保障数据一致性。

（3）灵活配置与扩展性。通过简单的配置文件即可定义数据流的流向和处理逻辑，且支持自定义 Source、Channel 和 Sink，便于适应复杂多变的业务场景。

（4）资源管理与监控。提供丰富的监控与管理接口，便于跟踪数据流动状态和性能指标，支持动态调整配置以优化数据处理效率。

6.3.7.3　小结

Flume 广泛应用于各种需要高效、可靠地收集和处理日志数据的场景，以其强大而灵活的数据传输能力，成为大数据生态中不可或缺的一部分，特别是在日志管理和数据分析领域。

在构建时序数据分析环境时，日志数据作为企业运营、系统监控及用户行为分析的重要资源，其有效管理和分析对业务优化和决策支持至关重要。选择 Apache Flume 作为时序数据分析环境的一个分布式、可靠、高可用的海量日志采集、聚合和传输系统。

6.4

分析平台

在成熟的开源分布式大数据分析组件的支持下，通过开发数据集成任务和 Flink 任务，实现时序数据的实时分析。分析结果通过数据服务经网关发布给应用，从而构建了一套完整的时序数据分析环境。

时序数据分析的各个环节及其参与方示于图 6-4。

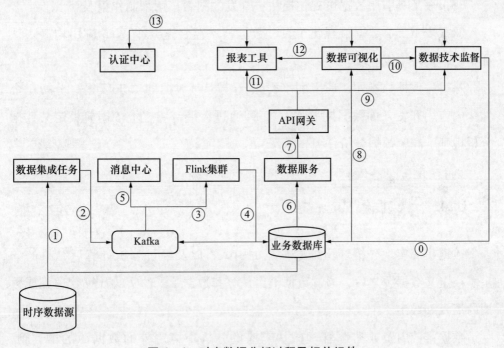

图 6-4 时序数据分析过程及相关组件

⓪数据技术监督个性化应用将规则配置信息写入到业务数据库。

①数据集成任务从业务库拉取规则配置信息，然后从时序数据源拉取相关时序数据。

②数据集成任务将时序数据和规则的配置信息整合后写入到 Kafka。

③Flink 任务从 Kafka 拉取数据进行流式计算。

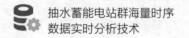
④Flink 任务将计算结果下沉到业务数据库，将告警消息下沉到 Kafka。

⑤消息中心拉取 Kafka 中的数据，在消息中心沉淀、处理，再按配置推送给人或应用。

⑥在数据服务模块中基于业务数据库开发数据发布接口。

⑦将数据服务中开发的数据接口发布到 API 网关。

⑧在数据可视化模块中开发可分享的图表。

⑨数据技术监督应用调用 API 网关上的接口，展示计算结果。

⑩数据技术监督应用引用数据可视化模块中开发的图表用于展示。

⑪报表工具调用 API 网关上的接口获取数据。

⑫报表工具引用数据可视化模块中开发的图表，用来制作报表。

⑬报表工具、数据可视化工具、数据技术监督这几个 Web 应用均接入认证中心，实现单点登录。

除时序数据分析外，环境的平台层还支持对数据的"工厂化"分析。个性化的应用开发（如数据技术监督），即通过在平台层之上依据模板定义数据分析规则、配置数据分析任务。

6.4.1 数据集成

数据集成实现分析环境外的数据的引入，以及经过分析计算后结果的导出。在定义数据源之后，通过数据汇集任务和数据工厂的实时计算管道完成数据的汇入和导出。

数据集成内置数据源管理模块，提供分析环境之外的数据源的增、删、改、查询、数据预览、数据管理等功能。

在数据集成中定义的数据源是数据开发工作空间之外的信息，为所有工作空间共享，不属于任何一个工作空间。但是一个工作空间可见、可使用哪些数据源，可以由管理员设定。支持的数据源类型主要有关系型数据库（如 MySQL、SQLServer、Oracle、达梦 等）、大数据存储（如 Hive、ClickHouse 等）、时序数据库（如 TDEngine 等）、消息队列（如 Kafka 等）、半结构化存储（如 FTP、SFTP、HTTP、HTTPS 等），支持的数据源类型可以随业务需要继续扩展。

数据源的配置分开发环境配置和生产环境配置，它们可以相同，也可以不同。在数据开发过程中，调试使用的是开发环境的数据源配置，连接开发库；在生产环境（任务运维）使用的是生产环境的数据源配置，连接生产库。将开发环境和生产环境相对分离，能保证数据开发过程中生产环境数据的正确性和稳定性。

针对定义好的数据源，或者在定义数据源过程中，可手动执行连通性测试，以确保数据源的定义信息准确，数据源可用。

为确保数据安全，依据数据源中的数据归属，将数据源划分为"平台所属"与"其他系统"。对于"平台所属"的数据源，提供数据预览、数据管理（增、删、改等）功能；对于"其他系统"的数据源，仅支持数据预览。

数据集成的实现依托于数据集成任务。数据集成任务根据数据集成、融合需求定制开发，其本质是一个基于 SpringBoot 开发的，用来对特定数据进行处理的微服务。

数据集成任务（微服务）的启动方式和 jar 包的加载方式不同于一般的 Spring Boot 应用程序。数据集成任务依赖的大量基础包通用，少量的上层包为项目私有；多数的功能和接口通用，不同任务间的少量功能差异定制。时序数据分析环境专门设计开发了微服务的启动器和类加载器，通过目录结构的设计，避免相同的 jar 包在不同目录下的发布，实现了类似 Eclipse 的插件发现机制，从而能通过增减 jar 包来增减功能。

针对特定数据的汇聚需求，只需定制开发相应的数据集成任务，通过任务代码实现各类型数据的处理与汇聚。实现数据汇集的任务代码打包后，连同相应的配置文件放到指定目录下，通过"任务引擎"加载后执行。所有的任务由任务引擎管理，任务引擎搜集任务的运行信息，并通过微服务支持 Web 界面对数据汇集任务的管理。

Web 界面中设置"任务引擎"功能管理各数据汇集任务，包括任务的创建、编辑、删除、启用/停止等；设置"任务监控"功能监控任务运行，包括任务调度计划、查看各个任务的运行状态和运行日志等。

数据汇集任务的开发部署流程大致如下：

（1）编写数据汇集代码并发布到目录。完成数据汇集任务软件代码的开发，并将开发好的应用程序打包成 jar，放入产品目录的指定位置，如产品发布的"bin \ ms_jars \ XTask \ "子目录中。

（2）编辑启动任务所需的初始化（.ini）文件，并放到应用 jar 包的相同位置。任务初始化文件中指明了应用的 jar 包搜索路径和范围。

（3）编辑任务配置文件，包括 server. xml、taskname. ini、taskname. xml 等，放入产品目录的指定位置，如产品发布的"config \ XTask \ 任务模块名称"子目录中：

1）server. xml，用于配置任务模块，以及模块所包含的多个数据汇集任务的信息，具体如任务模块名称、任务名称、任务类别、任务调度、任务配置（具体任务的 xml 和 ini 配置）等；

2）taskname. xml，用于配置具体任务在执行每个子流程时所依赖的类及参数等。例如第一步为"连接数据库"，则配置依赖类"∗. xtask. unit. task. DataSourceTask"；

3）taskname. ini，用于配置具体任务中要用到的数据源信息，如源端、目标的数据源名称等。

（4）编辑任务启动脚本（sh 脚本、java 命令），放到产品发布的"bin"子目录下。

（5）启动任务引擎。

任务引擎启动后，即可在时序数据分析环境的 Web 界面的数据汇集模块中，查看到在运的各数据汇集任务，管理员或系统维护人员可根据需要对数据汇集任务进行管理、监控。

时序数据分析中又一类工作是基于实时数据的计算，与之相关的需要配置实时数据汇集、分析任务，整体被配置为一个实时数据计算管道。

6.4.2　数据开发和运维

数据开发和运维包括两大部分数据：结构化数据和时序数据。在时序数据分析环境的语境下，范围限定于时序数据（实时）分析，主要的流程包括：

（1）定义数据源。在"数据集成"模块的"数据源管理"中，添加数据迁移的源端、目标端数据源。这里的输入数据源中的数据通常是经过预处理的数据，例如经过数据汇集任务分析、处理后，重构的适用于计算管道计算的数据。

（2）选择工作空间并配置。根据当前计算管道功能，选择具体工作空间，如果工作空间不存在，则创建工作空间，工作空间下可按需创建一个或多个计算管道。在工作空间中设置源端、目标端数据源，对工作空间可见。

（3）工作空间是数据开发的基本权限组织单位，用来控制开发、运维等权限。不同的工作空间可以有不同的管理员、不同的内部成员，各工作空间拥有完全独立的成员角色设定以及引擎实例的各项参数开关。

（4）工作空间内成员的所有代码均可以协同开发管理。一般一个项目一个工作空间。工作空间是一个重型的资源，创建一个工作空间，在后台将至少创建以下资源：

1）两个 Hive 数据库。一个用作开发环境的数据库，一个用作生产环境的数据库。例如创建了一个名为 DADemo 的工作空间，则会在 Hive 上创建一个名为 DADemoDev 的数据库和一个名为 DADemo 的数据库。Hive 数据库用作业务数据分析的存储和计算引擎。

2）两个 MySQL 数据库。一个用作开发环境的数据库，一个用作生产环境的数据库。MySQL 数据库用来存储工作空间的配置数据，包括流程图、节点、函数、资源文件等的配置数据。

3）HDFS 上的工作空间专属的目录结构。用来存储资源文件、临时查询的结果等。

（5）开发计算管道。创建一个实时计算管道，依据数据集成需求，拖入要使用的数据处理节点（输入、转换、输出），通过管道（节点）配置实现数据的处理、迁移。开发计算管道是完成数据开发的关键。

（6）实时数据的计算管道是一个以 Flink 为后台执行引擎的数据集成工具，可用于数据的抽取、转换和加载。允许用户通过图形化的界面设计数据集成任务，并将这些任务部署到各种环境中执行：

1）数据抽取。实时计算提供多类型的输入节点，可支持连接到多类型数据源，从数据源中抽取源数据。可支持的提供数据输入的节点有："Kafka（源）""TDEngine（源）""MySQL_BinLog（源）""PostgreSql（源）""SQL增量查询（源）"和"外部表（源）"。

2）数据转换。实时计算提供多类型的转换节点，用于对数据进行相应的转换操作。转换操作包括字段选择、排序、过滤、计算、分组、连接（Join）、拆分（Split）、合并（Merge）等，可支持的提供转换的节点有："1_1 映射""1_n 映射""过滤器""分区窗口""SQL 处理""分区归约""窗口联结""定时处理""同型合流""模式处理"和"分区处理（带配置）"等。

3）数据输出。实时计算提供多类型的输出节点，可对接多类型数据源，用于将转换后的数据输出到目标系统。支持的输出节点有："Kafka（目标）""TDEngine（目标）""MySQL（目标）""Redis（目标）""Hive（目标）"等。

4）图形化界面。实时计算提供直观的图形化界面，允许用户通过向开发面板中拖拽节点、连接节点的方式，来构建复杂的数据转换流程。

5）逻辑实现。计算管道的数据开发逻辑，通过节点的选择和配置来实现。例如：要对数据进行过滤，就选择"过滤器"节点，通过节点提供的过滤器配置实现对数据的过滤处理，如果节点配置不足以实现处理需求，也支持在节点配置的基础上，使用 SQL、Python、Cron 表达式、Aviator 表达式等实现更复杂的处理逻辑。

6）计算管道测试。开发好的计算管道，首先在测试环境中进行运行测试，测试通过后，提交计算管道快照版本，发布到"任务运维"模块进行运维。

（7）部署运行计算管道。计算管道的本质是一个 Flink 数据处理任务。时序数据分析环境中，基于 Hadoop Yarn，按抽水蓄能电站等分别部署运行多个

Flink 集群。部署运行计算管道，即是依据集成数据的归属，将 Flink 数据处理任务，提交到相应资源队列下，在相应的 Flink 集群中运行。即按需选择运行计算管道的 Flink 集群、环境参数等，运行计算管道任务。

一个实时计算管道可从多个输入节点读取数据，通过多个转换节点对数据进行清洗、处理等，之后可经由多个输出节点对数据进行多路输出。运行时，从计算管道的输入节点开始，依据节点的连接线，按顺序向下执行。

"任务运维"模块提供实时计算管道运维相关的管理功能，如管道总览、实例运维等。管道总览可总体查看已发布的实时计算管道信息。实例运维可查看特定计算管道的历史发布信息、job 实例信息、部署运行计算管道。

6.4.3　数据服务

数据服务旨在为时序数据分析环境提供全面的数据服务及共享能力。系统管理员或运行维护人员通过界面配置生成 REST API，并发布到 API 网关，实现数据发布功能（见图 6 – 5）。

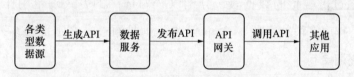

图 6 – 5　数据服务生成与应用

时序数据分析环境的数据服务支持在多种类型的数据源上通过界面配置生成查询数据的 RESTAPI。

在时序数据分析环境的 Web 界面端提供灵活方便的配置界面，能够将数据表快速生成数据 API，并一键发布至 API 网关，实现低成本、易上手、安全稳定的数据共享与开放。基于 Serverless 架构，数据服务提供按需分配的计算资源，自动扩展以应对任何规模的数据挑战。利用云基础设施的能力，在时序数据分析环境中发布数据时，仅需关注 API 本身的数据访问逻辑，数据共享效率提升的同时，稳定性和质量都有充分的保障。

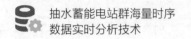
数据服务的生成与应用的核心是能快速完成服务生成的数据 API 生成器，该生成器关键操作流程包括：

（1）选择业务域。业务域就相当于一个文件夹，用于分类管理数据服务中的 API。根据需要选择已有业务域或新建业务域。在新建业务域的同时，可选择网关分组，数据服务中的 API 发布后，将自动注册到 API 网关的相应分组下。

（2）新建 API。API 的新建分为两步。

第一步，通过配置弹窗，配置 API 的基础信息。基础信息包括 API 所属业务域、API 请求方式、路径、协议（Http/Https）、返回类型（JSON）、API 名称、描述等信息。

第二步，通过可视化的配置界面，实现 API 功能服务，具体包括选定数据表并设定请求和返回的参数配置。选择数据表是通过数据库类型、数据源、数据表配置，选择用于生成数据 API 的数据表。设定请求和返回参数配置通过界面化参数选择或输入 Sql 语句配置请求和返回数据所需要使用的数据处理参数。在 Web 界面中支持采用"参数选择"和"Sql 模式"两种模式；"参数选择"即是通过可视化的数据表，分别以"勾选"的方式确定用作请求参数、返回参数、排序字段的字段；"Sql 模式"则是通过富文本面板，人工编写数据服务的查询语句。

（3）后置处理。可以为数据服务设定数据查询结果获取后的后置处理，即可通过编写使用 Aviator 表达式对 SQL 查出来的数据进行进一步的处理。该步骤不是必需的。

（4）发布。在界面上点击"发布"即可完成新建的 API 注册到 API 网关上相应的分组下并发布（"一键发布"），之后只要对该 API 在网关上授权就可让外部应用调用。

数据服务是连接数据资源和业务应用的桥梁，时序数据分析环境中，顶层个性化应用的开发离不开对数据服务的大量调用。

6.4.4 API 网关

API 网关（Application Programming Interface Gateway）是一种服务架构模式，它作为客户端和服务器之间的中介，统一管理、调度和保护 API 的访问。API 网关是微服务架构和分布式系统中的关键组件，它提供了一个单一的入口点来管理所有后端服务的 API 调用。在时序数据分析环境中，使用 API 网关管理对外发布数据的服务的 API。

客户端调用 API 网关上的 API，所经历的处理过程见图 6-6。

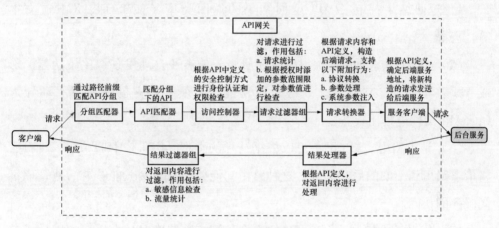

图 6-6　API 网关

API 网关是以 API 管控为核心功能，及衍生出的一系列衍生功能的集合，如统一入口、服务注册和可用性监控、API 分组、API 注册、API 发布、请求路由、安全访问控制、流量监控等。

（1）统一入口。APPI 网关提供了一个统一的入口点，所有客户端请求首先经过 API 网关，然后由网关将请求路由到适当的后端服务。这简化了客户端的调用逻辑，客户端不需要知道后端服务的具体地址。

（2）服务注册和可用性监控。将开发好的后端服务注册到 API 网关，注册的服务信息中包含了后端服务的访问地址，时序数据分析环境通过该访问地址调用后端服务 API，并监控相应后端服务是否可用。

（3）API 分组。API 网关上定义的 API 都属于且只属于某一个分组。API 网关后台服务所提供的原生 API 都属于 GatewayAPIs 分组，这是一个内置分组。

（4）API 注册。API 网关提供 API 注册功能，支持用户在 API 网关上手动创建 API。API 的定义信息主要包括：

1）基本信息：定义 API 的分组、名称、安全认证方式等；

2）API 请求：定义协议、请求 Path、HTTPMethod、入参定义等；

3）API 后端服务：定义后端服务（可从已注册的服务中选择，也可通过后端服务的访问地址指定）、后端请求 Path、HTTPMethod、后端服务参数配置等；

4）返回结果：定义 API 返回结果的返回类型（如 JSON、XML、文本等）等。

（5）API 发布。API 网关提供已注册服务的 API 自动发现、比较功能。形成 API 差异列表，支持 API 一键发布功能，无须手动去创建或者手动导入 OpenAPI 文件进行比较。

（6）请求路由。API 网关可以根据请求的类型、URL、HTTP 方法等信息，将请求路由到不同的后端服务。这种路由功能使得 API 网关能够灵活地管理不同服务的访问。

（7）安全访问控制。API 网关的安全访问控制是确保只有授权的用户或应用程序能够访问后端服务的重要机制。API 网关上的 API，是供应用（APP）调用的，并不能用 Ajax 从浏览器端发起。应用在 API 网关上注册后，由 API 网关的管理员授权应用（AppKey）调用网关上的指定 API 之后，应用才能凭 AppKey 和 AppSecret 调用这些 API。用户调用 API 实际上是由 Web 页面触发，由 API 网关的 WebUI 应用指定应用的凭据调用 API 网关后台服务上发布的 API。

（8）流量控制。提供 API 流量监控功能，如最近 24h API 访问总次数及变化趋势、最近 24h 各服务被调用次数变化趋势、最近 24h 各应用访问次数变化趋势等。依据流量监控信息，对 API 进行限流管控，进而保护后端服务的稳定性、可靠性和服务质量，确保后端服务资源高效利用。

API 网关简化了客户端和服务器之间的通信，还提供了安全、监控、路由和管理等一系列功能。通过使用 API 网关，时序数据分析环境可构建更加灵活、可扩展和安全的 API 生态系统。

6.4.5 数据可视化

数据可视化，旨在通过柱形图、曲线图、饼图等图表，对时序数据分析环境中指标数据等进行可视化展示，并提供图表分享、内嵌引用等功能。

数据可视化关键流程如下：

（1）创建场景。"数据可视化"按场景对定制的个性化图表进行管理。因此创建图表前，首先要选择场景，所需场景不存在，可按需创建场景。

（2）定义数据集。数据集即是为定制化图表提供数据（指标数据、维度数据）支持的数据集合。如果场景中没有适用的数据集，可按需定义数据集。定义数据集时首先选择数据源（在"数据集成"模块"数据源管理"中定义），从源表数据中提取所需的指标数据、维度数据，构建数据集。指标数据、维度数据的提取方式有两种，一是通过可视化的数据表，勾选要保留的表字段；二是通过 Sql 语句，查询要保留的数据。

（3）定制个性化图表。通过 Web 端嵌入的 BI 工具定制个性化图表，定制过程中，可实时查看图表展示效果。关键步骤如下：

1）选择要定制的图表类型，如柱形图、曲线图、饼图等；

2）选择要使用的数据集；

3）从数据集中分别选择用作统计指标和维度的字段，添加到图表中；

4）风格设置，如是否显示图表标题、是否显示图表图例、标题位置、图例位置、（圆柱、曲线等）颜色、图表样式（如簇状柱形图、堆积柱形图等）等。

（4）图表发布、分享、引用。在"数据可视化"场景中，可将定制完成的图表一键发布。已发布的图表，可通过图表的分享地址，分享给其他用户，或者在时序数据分析环境的其他模块（如"报表工具"）中引用。

数据可视化是时序数据分析中的重要工具。通过直观的图形化展示帮助用户快速把握数据随时间的动态变化，从而做出更加明智的决策。

6.4.6　消息中心

消息中心是一个集中管理、分发消息的平台型工具。基于主题化管理，建立管理消息生产者和消费者的桥梁。

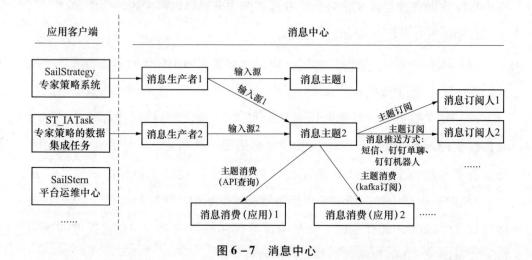

图 6-7　消息中心

如图 6-7 所示，消息中心具备消息生产者、消费者、消息主题和订阅的管理。

消息生产者是时序数据分析环境中能够提供消息的各应用。消息生产者管理功能，包括新建、编辑、删除等。

消息按主题，分类管理平台中各应用的各类型告警消息（如 X001 数据巡检异常告警）。消息主题管理功能包括新建、编辑、删除、添加输入源、主题消息数据查询、主题消息数据情况等。消息主题通过绑定输入源，来接收特定的消息。输入源的本质是一个消息过滤器，它绑定消息生产者，并在此基础上，设置了一系列的过滤条件，来获取所需信息，过滤条件如消息类型、消息等级、消息分区、消息内容是否能与设定的正则表达式匹配等。一个消息主题可以绑定多个输入源。

订阅是消息应用的主要方式。提供消息订阅人管理功能，包括新建、编辑、删除、订阅、消息数据查看等。消息订阅人通过订阅消息主题来订阅消息。消息推送以事件驱动为核心，当特定事件发生时，消息中心即会向消息订阅人推送消息。消息推送支持多种方式，包括钉钉机器人、钉钉单聊、短信通知等。

应用还可以作为消息消费者以查询或订阅的方式使用消息中心的消息。消息中心提供消息消费应用管理功能，包括新建、编辑、删除、消费主题设置等。消息消费应用通过添加消费主题，来获取相应消息主题的消息数据，获取方式有 API 查询、Kafka 订阅。

6.4.7 报表工具

时序数据分析环境提供报表工具支持用户快速、自定义方式建立数据报表。

通过使用报表工具，用户能够创建、管理自己的专属报表模板，并基于模板快速的生成数据分析报表。

此外，用户也可以将自己专属的报表模板分享给其他用户，将自己编辑完成的报表对外公示等。

报表工具下含 3 个子模块，分别是"我的报表模板""共享的报表模板""公告栏"。

"我的报表模板"展示当前用户的私有报表模板，其他用户不可见，提供报表模板管理功能，如报表模板的增、删、改、分享、导出、编辑等。

"共享的报表模板"展示当前用户共享给其他用户的报表模板，当前用户及共享用户可见，提供共享报表的删除、编辑等功能。共享报表模板无法主动添加，需当前用户在"我的报表模板"中，将报表模板通过分享地址，分享给其他用户，且其他用户访问了该模板之后，该报表模板即会自动添加至"共享的报表模板"。

公告栏集中展示已编辑完成，且对外公示的报表。

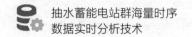
抽水蓄能电站群海量时序
数据实时分析技术

在数据分析报表中，通常会使用可视化的图表，来展示数据分析结果。但静态图片式的图表，仅仅只能展示某一个分析结果，若需要展示多个分析结果，就需要多个图片；且再编辑其他报表时，又需要重新生成新的图表图片，这严重影响了报表的编辑效率。针对该问题，时序数据分析环境通过"报表工具"提供了图表的动态引用功能。基于报表的动态引用能力，使企业其他应用可以直接以动态的方式引用时序数据分析环境的动态报表。

动态图表被收藏后可快速调阅、编辑。在各服务的 Web 端查看图表时，可点击收藏所需图表；或者在"数据可视化"模块，按需定制个性化图表，发布后，收藏图表。编辑报表时，可从收藏夹（图表收藏是前提）拖拽所需图表到报表中。拖入的图表并非静态的图片，而是一个图表组件，可支持用户按需添加图表参数、时间控件等。编辑完成后，在同一篇报表中，只需通过参数值设置，就可以使图表动态展示不同查询范围的数据分析结果。

6.4.8　认证中心

认证中心基于 OAuth2.0 实现，用以提供单点登录，实现集中、统一的用户、角色、权限配置和管理，避免各个 Web 应用重复建设安全访问控制相关的界面系统。

认证中心不仅提供认证服务，也提供资源服务。注册过的应用可以通过接口在认证中心寄存和获取"用户－角色－权限"数据。认证中心支持统一权限管理服务，所有系统授权信息统一存储到鉴权认证服务，所有应用级的系统访问及相关操作全部通过鉴权认证服务完成，而应用级的授权等操作则由各应用系统完成，即统一存储、分布授权，以识别用户身份的合法性。

认证中心的设计目标包括：

（1）实现单点登录。数据分析环境中有多个应用，为实现在一个网络机群环境下部署的所有应用在使用体验上如同一个应用（All－As－One）的目标，单点登录的支持必不可少。

（2）实现集中、统一的用户、角色、权限配置和管理。避免各个应用重

196

复开发安全访问控制相关的界面。

（3）以规范、标准的方式实现安全框架，以明确的开发过程和实现方式指导应用实现安全访问控制。在认证中心提供符合常见项目环境要求和安保等级的多种安全机制实现预案和基础实现。明确"安全机制实现方式——面临的常见安全风险——如何避免安全风险"实施层级。

（4）统一的安全模型。在认证中心实现具有一定适应性和兼容性的安全模型。提供应用寄存和获取"用户－角色－权限"模型的接口。

（5）具有足够的适应性。基于规范性和标准性，使分析环境的认证中心可接入开发厂家，并与其他认证中心协同。

统一用户认证提供以下几种认证方式：

（1）匿名认证方式：用户不需要任何认证，可以匿名的方式登录系统。

（2）用户名/密码认证：基本的认证方式。

（3）PKI/CA 数字证书认证：通过数字证书的方式认证用户的身份。

（4）IP 地址认证：用户只能从指定的 IP 地址或者 IP 地址段访问系统。

（5）时间段认证：用户只能在某个指定的时间段访问系统。

（6）访问次数认证：累计用户的访问次数，使用户的访问次数在一定的数值范围之内。

6.4.8.1　OAuth2.0 与登录过程

基于规范性和标准性考虑，通过 SpringSecurity 框架和参考开放授权（Oauth 2.0）标准实现。

OAuth 是一个开放标准，允许用户让第三方应用访问该用户在某一网站上存储的私密的资源（如照片，视频，联系人列表），而无须将用户名和密码提供给第三方应用。OAuth 允许用户提供一个令牌，而不是用户名和密码来访问特定服务提供者的数据。每一个令牌授权一个特定的网站在特定的时段（例如，接下来的 2h 内）内访问特定的资源。

OAuth2.0 是目前非常流行的授权标准，互联网应用在登录第三方网站时大多采用或借鉴 OAuth2.0 协议。常用的授权码认证授权模式如图 6－8 所示。

整个认证授权过程基于 HTTPS 设计，避免采用未规定加密方式的 HTTP 协

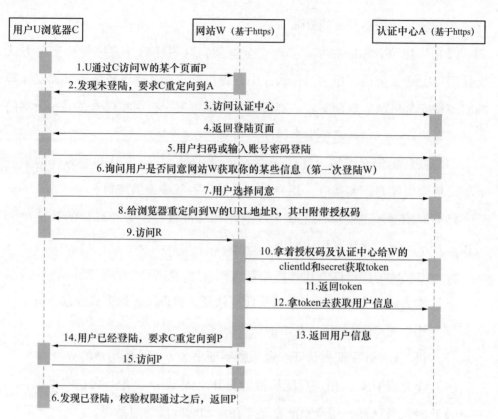

图 6 – 8　OAuth2.0 授权码模式认证授权过程

议导致交互过程信息被窃取、伪造。所有敏感信息（包括第 5 步账号密码登录时的用户名密码、第 8 步的授权码、第 10 步的 AppSecret、第 11 步的 token 等）都要防范被窃取。

用户参与的操作有访问页面 P、输入用户密码或扫码，其他操作均是自动完成。

第 9 步的 R 并不是页面 P，而是网站 W 向认证中心注册应用时，填写上的授权码回调地址之一。在过程的第 10 步，网站 W 之所以知道应该让浏览器 C 跳转到 P 页面，是因为第 1 步访问页面 P 时，W 已经建立了会话，回传了 Cookie，并且在会话中保存了第 1 步的请求。

第 10 步中，采取了使用临时授权码来获取令牌（token），随后再利用这个 token 来获取用户信息的方法。这一处理的原因在于，根据标准的架构设计原则，"认证服务器"与"资源服务器"是两个独立的概念，它们可能分布在不同的应用程序中。该设计的实际意图是利用认证中心颁发的 token，去资源服务器请求用户信息。如果在系统设计中，确认将认证服务器和资源服务器的功能合并，并且确信未来不会有拆分的需求，那么从第 10 步到第 13 步的流程是可以被简化的。

使用基于 HTTP 协议的认证授权过程与标准的使用 HTTPS 的认证过程不同之处，主要包括两点。

第一点是在过程的第 5 步。当用户在登录页面输入用户名密码登录时，前端界面会使用 Ajax 请求向认证中心获取一个动态公钥，浏览器端用服务器提供的公钥加密密码之后，把密文传到认证中心。认证中心用对应的私钥将密文解密。此处之所以使用动态公钥，是为了防重放。动态公钥和私钥对使用一次后就会失效。

第二点是将原来过程中的第 10 步至第 13 步简化为第 10 步和第 11 步。因为使用的是 HTTP 协议，所以第 10 步应用密钥（AppSecret）不能直接在网络传输，需要采用签名方式。第 11 步，返回的是两个 JWT（Json Web Token）令牌，分别称之为更新令牌（RefreshToken）和访问令牌（AccessToken）。RefreshToken 的载荷中存储有用户的非敏感信息和用户在当前 App 的权限，网站 W 可以凭此构造出用户详情（UserDetail）对象，进而在本地使用 SpringSecurity 进行权限控制。RereshToken 不应外露，可由客户端刷新该令牌。AccessToken 用于在无法进行单点登录的情形下跨应用登录（如，网站 W 调用认证中心的其他 App 的 API 或内嵌页面）。它的载荷中只有标识用户的少量非敏感信息，所以 AccessToken 允许被传递到浏览器端或 App 端。AccessToken 在一定程度上起着和 Cookie 类似的作用，应该受到同等安全级别的保护。

6.4.8.2　签名摘要算法

向 http 请求中添加 X – Ca – Nonce、X – Ca – Key、X – Ca – Timestamp 和 X – Ca – Signature – Headers 的头信息。

X – Ca – Nonce 可以设置为 UUID，用来防重放攻击，10min 之内，必需唯一。X – Ca – Timestamp 是构造请求时的时间，是距离 1970 年 1 月 1 日起的毫秒数，如果和服务端收到请求时的上下时间偏差超过 10min，则将验证不通过。

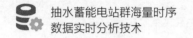
X – Ca – Key，服务器颁发给客户端的 appKey。X – Ca – Signature – Headers 为 header 中非文档约定的需要参与计算摘要之外的其他 header 名称。

值的格式为：header1，header2，header3。

实现签名首先构建构造签名字符串。客户端从 Http 请求中提取出关键数据，组合形成一个签名字符串。需要按如下顺序提取数据：

> *HttpMethod*
> *Path*
> *QueryParam* 形式的参数名和参数值
> *Header（Accept、Content - MD5、Content - Type、Date）*
> 扩展 *Header（X - Ca - Nonce，X - Ca - Key、X - Ca - Timestamp，X - Ca -*
> *Signature - Headers，X - Ca - Signature - Algorithm）*
> 第三方应主动签名的额外 *Header（例如 header* 参数）

以上 6 行数据，用"\ n"连接成一个字符串，具体含义为：

（1）HttpMethod。http 方法，全部大写。比如，POST。

（2）Path。如果路径为空，例如"http：//sedata. cimstech. com：8080"，则用"/"表示。路径以"/"开始，非"/"结尾，例如"/a/b/c"。

（3）QueryParam 形式的参数。查询型参数，按参数名的字符串升序排列，如果存在多个同名不同值的参数对，则这些同名不同值的参数对需要按值再升序排列。如果一个键值对的值为 null，则键的后面不需要加"="；如果值是空字符串，则需要加"="。形式例如：$k_1 = v_1$ & $k_1 = v_2$ & $k_2 = v_4$ & $k_3 = v_3$。

（4）Header 参数。"Accept：XXX；Content – MD5：XXX；Content – Type：XXXX；Date：XXX"。如果其中某项值为空，例如 Content – MD5 的值为空，则仍然保留其占位，结果是：Accept：XXX；Content – MD5：XXX；Content – Type：XXXX；Date：XXX。

（5）扩展的 Ca 参数。形如"X – Ca – Nonce：XXX；X – Ca – Key：XXX；X – Ca – Timestamp：XXXX；X – Ca – Signature – Headers：XXX；X – Ca – Signature – Algorithm：XXX"。

（6）其他存在于 Header 参数。如果还存 header 中，则它们也应该参与摘要计算。这些参数，按如下形式组织"header1：value1；header2：value2"。如果存在多个同名不同值的参数对，则这些同名不同值的参数对需要按值再升序排列。形式例如：header1：$v1$；header1：$v2$；header2：$v4$；header3：$v3$。

认证中心根据签名字符串计算签名。

支持的计算签名摘要的算法有 HmacSHA256（缺省）、HmacSHA1 等。如果使用的是非缺省的签名摘要算法，需要在 header 中用 X – Ca – Signature – Algorithm 来指定。

计算签名的 Java 代码如下：

```
Mac hmacSha256 = Mac. getInstance ("HmacSHA256");
hmacSha256. init (new SecretKeySpec (secret. getBytes ("UTF -8"),
    0, keyBytes. length," HmacSHA256"));
byte []                        md5Result = hmacSha256. doFinal
(stringToSign. getBytes ("UTF -8"));
String sign = Base64. encodeBase64String (md5Result);
```

将计算出来的签名，设置在请求 header 中。header 名称为 X – Ca – Signature。

6.4.8.3　认证架构和数据模型

认证中心主要有数据模型、管理界面、认证授权及数据接口三部分构成。

管理员用户可以通过界面管理数据模型，实现增删改组织、用户、角色、APP，实现对 APP 及用户的授权。应用的责任人可以在界面上查看自己的信息、应用的信息（包括 AppKey、AppSecret），可以对自己应用范围内的角色和授权进行控制。一般的注册用户可以查看自己的信息，修改密码，取消授权某些 APP 获取自己的信息。认证中心数据模型的数据存储在关系数据库中。

App 通过认证接口实现用户登录。App 在获得授权的情况下，可以遵照服务器的模型规范，在服务器寄存和查询权限及角色数据。

数据模型由组织机构（Organisation）、用户（User）、应用（APP）、角色（Role）、授权（Authority）和 API 构成（见图 6 – 9）。

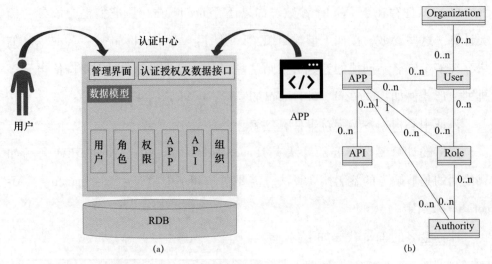

图 6-9 认证中心总体架构（左）和数据模型（右）

（a）总体架构；（b）数据模型

Organization 和 User 是多对多的关系，一个用户可能属于多个组织机构，其中有且仅有一个关联关系为主（main = true）。User 不属于 APP（多对多），Role 和 Authority 属于 APP（一对多）。删除一个 APP 时，与之关联的 Role 和 Authority 对象会同时删除。

图 6-9 中 API 指的是认证中心的 API，APP 和 API 有关联，意味着这个 APP 能调用相应的 API。

6.4.8.4 单点登录

单点登录并不是 OAuth2.0 协议的内容，借助 Cookie "发现用户已登录"，可以通过 OAuth2.0 实现单点登录。

HTTP 协议是无状态的，服务端为了识别当前是"谁"在访问，并可取得与之相关的一个上下文，会话（session）机制就是方法之一。通常情况下，会话的标识存储在 Cookie 里面。Cookie 虽然没有在 HTTP 协议的 RFC 标准中定义，但它却是 Web 客户端和服务端普遍实现和使用的一种机制。

在浏览器每次发起 HTTP 请求时，查找与目标网站域名相关的 Cookie，如果有且没有过期，将在 HTTP 请求的 Header 中的 Cookie 字段上设置上此 Cookie。服务端如果支持会话和 Cookie，当发现客户端没有 Cookie 信息或者 Cookie

信息过期时，可以在 HTTP 响应报文中附加上新的 Cookie，浏览器会相应地更新此域名相关的 Cookie。

Web 服务端在收到带 Cookie 的 HTTP 请求时，从 Cookie 中提取 Session 标识并取得会话上下文。

单点访问的可通过用户访问多个网站的实例说明见图 6 - 10。

用户访问网站 W1 时，按照授权码模式认证授权过程实现了登录。此时用户访问同样在认证中心注册过的应用 W2。在用户访问网站 W1 时，曾经跳转到认证中心进行登录。在用户登录的过程中，已经将 Cookie 回传到浏览器，并且认证中心已经建立了与之相关的会话。此 Cookie 不是内存 Cookie，是存储到磁盘文件的，因此即使关闭认证中心页面后再次访问时，Cookier 仍然可以从磁盘加载。在访问网站 W2 的时候，跳转到认证中心的步骤中，访问认证中心携带的是认证中心的 Cookie，所以能实现"发现用户已登录"。

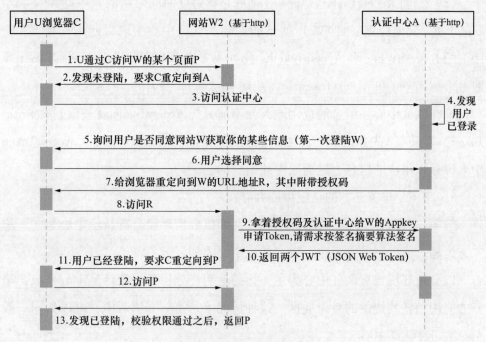

图 6 - 10 单点登录过程

会话是有有效期的（例如 1h）。当用户浏览器端超过这个时间与服务端没有交互时会话将失效。用户访问的网站 W1 时通过认证中心登录，但可能出现

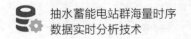
用户一直在使用网站 W1，而在其后续访问 W2 时，与认证中心的会话已过期（需要再次输入用户密码登录），这种问题可以通过"客户端刷新令牌"解决。

6.4.8.5　客户端刷新令牌

客户端刷新令牌中的"客户端"指的是在应用中心注册过的 App。刷新令牌主要有 3 个目的：

（1）检测用户是否已经登出。在认证中心注册 App 时，有一项信息是"用户登出通知 URL"，但这不是一个必填项。如果 App 没有开发接收通知的接口，可以通过刷新令牌得知用户是否已经登出。用户登出之后，将无法通过 RefreshToken 刷新到新的令牌。

（2）刷新用户的权限信息。在认证中心注册 App 时，有一项信息是"权限变化通知 Url"，这也不是一个必填项。如果在 App 没有开发接收通知的接口，可以通过刷新令牌取得新的 RefreshToken，从其载荷中提取新的权限信息。

（3）刷新 AccessToken。AccessToken 是有过期时间限制的，一旦 AccessToken 过期，其他应用（如 W2）就不能凭此从认证中心中取得此用户在 W2 应用下的 RefreshToken 和 AccessToken。此处 W2 用 W1 传过来的 AccessToken 换取 RefreshToken 和 AccessToken 是需要用 AppSecret 签名的。

未在认证中心注册过的应用或人并不能只凭 AccessToken 就获取到 RefreshToken。如果 W2 先前已经与此用户建立了会话，那么可以直接从 AccessToken 中取得标识用户的信息，进而取得此用户的会话。

6.4.8.6　与第三方的认证中心共存

与第三方认证中心共存形态有两种，即以分析环境自有认证中心为主，第三方为辅；或以第三方为主，自有认证中心为辅。

以分析环境自有认证中心为主，指的是用户分析环境的认证中心登录，第三方应用信任其提供的登录凭据。这种情况下，第三方认证中心可以如同一般 App 注册在认证中心。

第三方的认证中心为主，指的是用户从第三方认证中心登录。此时自有认证中心有两种存在形态：

（1）直接对接第三方的认证中心。其过程主要为：

1）应用发现用户没登录，则跳转到自有认证中心，要求登录；

2）自有认证中心发现应该采用第三方的认证中心登录，就跳转到第三方登录页面；

3）用户在第三方认证中心的登录页面输入用户名密码，第三方认证中心通过验证，返回授权码给自有认证中心，自有认证去换取令牌和用户信息；

4）认证中心取得用户信息，说明登录成功，然后给应用返回授权码；

5）应用基于授权码，取得自有认证中心的更新令牌和访问令牌；

6）应用取得两个令牌以后，构建出用户详情对象，然后要求浏览器重定向到最初用户访问的页面。

该过程是两个 OAuth2.0 过程的叠加，即应用到自有认证中心一个 OAuth2.0 过程，自有认证中心到第三方认证中心一个 OAuth2.0 过程。但此种做法不适用于 4A 平台（要求页面请求必须从 4A 平台初次发起），与 4A 平台对接时，自有认证中心可退化成授权数据模型的存储器，即下面情形（2）的使用方式。

（2）在第三方认证中心直接跳转到应用的情形下，自有认证中心起数据模型存储器作用，用户只是在单个应用内部登录，而不在自有认证中心登录。自有认证中心需要赋予这个应用以下权限：

1）创建用户的权限（但不能设置密码）。应用创建的用户不能直接在自有认证中心登录。

2）管理查询自己应用内的角色、权限及其关联。

3）将应用内的角色授权给某个用户。

4）通过注册标识（4A 用户名）获取用户信息。

时序分析环境运行时，根据实际的安全防护需求采用适合的认证方式。

6.4.9 其他辅助模块

时序数据分析环境还开发了其他辅助模块，包括"指标建模""分析环境运维中心""任务调度"等。

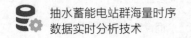
6.4.9.1　指标建模

建模并管理时序数据分析相关的指标。

指标建模主要功能包括：

（1）指标管理。按照业务域、业务包、指标（原子指标、派生指标）的层次，对指标进行管理，具体包括业务域，业务包，指标的增、删、改，以及指标与维度的关联管理等，指标与维度的关联是多对多的关系。

（2）维度管理。提供维度管理功能，如增、删、改等。

（3）指标视图管理。面向最终客户自定义指标视图。

（4）指标 API 绑定。选择指标（原子指标、派生指标），与预定义的接口绑定，使得通过 API 可以访问、查询或操作这些指标。

（5）指标 API 契约管理。通过契约功能，可以不预先定义接口，直接定义实现类，在服务启动时，根据实现类自动生成契约，并注册到服务中心。

在指标建模和管理的基础上，时序数据分析环境对指标数据应用做了优化处理，包括"通过指标看数据"及"关联指标和数据开发过程"。"通过指标看数据"为指标计算所基于的数据提供表格型和各类可视化图表展示，构建可分享的指标数据图表，能够分享给其他用户，也可以被其他 Web 应用作为页面元素内嵌使用。"关联指标和数据开发过程"则将指标和数据开发过程关联起来，规范数据仓库汇总层数据表的设计。通过指标与数据开发使用的数据表关联，一方面指导和约束开发流程及表模式，另一方面实现快速数据定位及基于数据"血缘"关系的数据问题排查。

6.4.9.2　分析环境运维中心

分析环境运维中心主要用于对底层的软、硬件资源等进行监控、管理。如：

（1）机群监控。通过实时采集、存储平台服务器机群的状态信息，如CPU 利用率、内存使用率、磁盘容量、磁盘使用率等，再通过平台运维中心进行实时展示，以便于监控。

（2）资源队列标注。分析环境中的任务微服务、Flink 集群等，均依托于Hadoop Yarn 部署，通过 Yarn 来管理和调度集群中的计算资源；"资源队列标注"可视化地展示了 Yarn 中资源队列的使用情况。

（3）Flink 集群管理。管理基于 Hadoop Yarn 部署的 Flink 集群，包括上传/删除 Flink 扩展 jar、上传/删除 flink 运行 jar、启动/停止 Flink、查看 Flink 中的任务等。

（4）分布式文件系统管理。时序数据分析环境基于 Hadoop 生态建立，平台基础设施及各应用均在 HDFS 上存有重要数据、配置和 jar 包等，为便于用户对这些进行管理，提供了"分布式文件系统"这个可视化的 HDFS 管理界面。

（5）ZK 配置中心。在 Hadoop 生态圈中，ZooKeeper 起着分布式配置管理的作用，ZooKeeper 节点中存放着各应用程序的配置信息，为便于用户对 Zoo-Keeper 节点中的配置信息进行管理，提供"ZK 配置中心"这个可视化的管理界面。

（6）HBase 管理。为 Hadoop 生态中的 HBase 提供可视化的数据管理界面，支持用户查询、预览 HBase 中的数据。

（7）应用日志管理。集中展示平台各服务应用的日志消息，提供消息过滤功能。

时序数据分析环境的系统维护人员通过"分析环境维护中心"提供的直观界面，实时监控系统的运行状态，并确保系统的安全性与稳定性。

6.4.9.3　任务调度

任务调度模块基于任务调度服务和任务集控支持服务，提供数据集成任务等的任务监控、任务引擎管理等功能。

任务监控展示任务信息，如任务调度计划、任务描述、上次执行时间、上次执行状态等。能够实时展示任务运行状态、运行进度、运行日志等。

任务集控支持主要完成任务引擎和任务执行管理。任务引擎是任务微服务在执行环境中的映射，包含了微服务配置文件的存放目录、配置文件等信息。任务集控提供任务微服务的启动/停止、删除、编辑等功能。

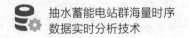
6.5

领域模型

时序数据分析针对运行监测数据序列，每个监测数据点均有其归属的系统、设备、组件、部件。抽水蓄能电站的数字化表述构建了抽水蓄能电站的数字孪生模型。模型刻画得越细致，对电站的运行掌控度就越强，对设备运行状态的前瞻性预判就更精准。

精细刻画的一个重要基础是建立抽水蓄能电站的全业务领域、特别是生产领域系统和设备相关的模型。领域模型是时序数据测点依存的基础，为时序数据分析提供隐形的抽水蓄能电站模型支持。

本节简述抽水蓄能电站生产领域信息建模技术和实例，通过本部分的描述，能更好地理解和实施时序数据分析规则配置等操作。

6.5.1 建模概念

建模的目的是清晰准确现实世界对象（Real World Object，RWO），包括为其建立类型、属性，以及对象间的关联关系。在面向对象技术基础上，为清晰描述抽水蓄能电站的生产领域系统、设备、组件、部件层次体系和关联，使用以下的建模概念：

（1）类。用来模型化建模的对象。

（2）关系。用来模型化对象之间的二元联系。最常用的关系包括继承关系和关联关系。

（3）属性。属性是类的一部分，用于存储数据。属性中存储对象的状态信息。

（4）包。实现对象的模块化分组和分类。

（5）数据类型。每一个属性都具有一个类型，数据类型就是用来识别该属性是哪一种类型的属性，以及约束属性值的格式。

（6）结构。基于定义的类和关系，按照业务的组织规则，形成一个有序的业务结构，也称为结构模型；结构强调的是对象间组织的次序。在电力（抽水蓄能）领域定义语境中，资产台账结构是从功能角度描述资产对象。利用台账结构对资产对象划分为设施、功能分组、设备、成套设备、组件、部件。设施、功能分组、设备、成套设备间的聚合关联描述功能位置的结构模型；组件、部件则用于描述产品的部件结构模型。其中，设备和部件表示可安装物理设备的节点，其余节点主要发挥台账结构的组织作用。图 6-11 给出了一个结构模型示例，以资产台账的业务组织规则为原则构建资产台账结构模型，并采用树图直观表现对象间的组织次序。

资产台账结构

▼ 🖼 设施
　　▼ 💻 功能分组
　　　　💻 功能分组
　　　　⚙ 成套设备
　　　　⚙ 设备

图 6-11　结构模型

图 6-11 中"设施""功能分组""成套设备""设备"都是定义的类对象。根据业务联系定义对象间的关系，比如："设施"和"功能分组"在业务上的联系为："设施包含的功能分组"。

（7）扩展。以结构为核心，开展基于结构的主题应用建模，也称为扩展模型。强调主题应用依赖于特定场景，而这个特定场景指"结构模型内的某个对象对应的应用诉求"。例如，在实际业务中，要求以资产台账组织的功能位置树，来构建适用于该功能位置树的设备维修主题模型。此时强调维修项目针对的是处于功能位置树上（特定场景）的物理设备，并以设备所处的功能位置对系统稳定性的影响为关注点制定维修主题模型。在这个扩展模型中，包含了维修级别、维修类型等信息，包含哪些信息取决于设备在系统中的重要度，而不局限于功能故障对设备自身的影响。

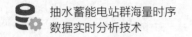
6.5.2　建模工具

通过开发建模工具实现元建模、领域建模、领域模型发布，以此驱动领域建模的后续深度应用，包括建模成果发布后，基于所建模型配置时序数据分析规则等。

元建模主体要求采用业界标准的元－元模型作为架构，并根据企业自身特点进行适应性剪裁与扩充。元建模输出领域元模型。元模型界定领域边界，定义抽象概念，限定关系场景以及业务的组织框架，完成业务的顶层设计。领域专家借助元模型工具产出业务元模型，业务元模型是用来构建低层级的业务模型。具体功能包括：

（1）域管理。用于界定业务元模型的边界，是模型发布的最小单位。

（2）包管理。用来实现模型对象的模块化分类。

（3）元类、元关系、元属性管理。管理元模型层级的类、关系和属性。

（4）元结构管理。采用树形方式，以业务的注焦点以及组织规则为原则，按需的组织类对象，从而搭建形成业务框架。

（5）元扩展管理。以元结构为核心，开展基于结构的主题应用规划建模，强调扩展应用依赖于结构所搭建的特定场景。即，以元结构的节点为配置对象，定义适用于该节点对象的目标类；强调该目标类是基于整个元结构的特定场景，建立的适用于该节点的应用联系。以元结构节点为对象，定义目标类的行为视为"扩展"；配置形成的结构视为"元扩展"。

（6）数据类型管理。数据类型主要有两种类型：基本类型与枚举类型，用来约束元属性的值域范围。

领域建模支持解释领域元模型并具备领域模型的建模能力，输出领域模型。领域建模具备对"业务元模型"的解析能力，能够将业务的顶层设计进一步实例化，构建出业务模型。具体功能包括：

（1）类实例管理。类是用来对模型层模型化对象的描述，也是模型对象元类的实例数据。类固化有属性和关系，属性描述类自身的固有特性，关系描述类与其他模型化对象之间的联系。

（2）属性管理。属性是类自身的固有特征，元属性为了抽象化这种固有特征，定义了描述属性的命名规则、数据类型等。在元属性的规范下，添加属性数据，完成类自身特性的可视化收集。

（3）关系管理。关系实例化管理包含对类关系开展继承管理、关系模式约束、多重性约束、变更管理。

（4）类结构管理。类结构是用业务模型对象（类实例）为节点，模型对象间的二元联系（类关系）为挂接约束，搭建采用树视图展示的数据形态，阐述业务之间的规则以及应用逻辑。类结构受元结构的约束，元结构定义类结构的挂接框架，类结构是元结构的实例化。类结构的管理主要完成类结构生成和类结构维护。

（5）类扩展管理。类扩展是元扩展的实例数据。以元扩展为框架，开展对应各维度的业务主题应用，如：基于典型设备台账的缺陷主题应用、基于典型设备台账的技术参数规范等。

领域模型发布负责模型的版本管理及对数字化应用授权，领域模型发布支持两种形式：微服务、离线文件，适用于不同的交换场景。

6.5.3　领域模型实例

本节以时序数据分析所基于包含设备、测点完备信息的资产信息模型为例，概括描述抽水蓄能电站领域信息建模实例。

资产信息模型从功能位置类型、产品品类、空间位置类型三个"面"刻画设备资产（见图6-12）。

产品类型与功能位置类型安装关系定义设备、部件的功能位置类型适宜安装的产品类型，如"主变压器"功能位置类型适宜安装"电力变压器"产品类型。功能位置类型与空间位置类型布置关系定义适宜布置特定设备的空间位置类型，如"主变压器"功能位置类型适宜布置在"主变压器洞"空间位置类型。

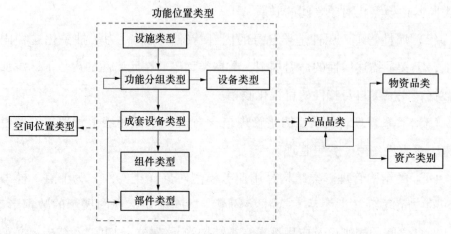

图 6-12　资产信息模型框架

通过"功能面""产品面""空间面"全方位建模资产模型。

（1）功能面。功能位置类型用于刻画资产功能面，从功能角度描述资产对象，系统中的逻辑性、相对稳定的节点构成资产台账层次结构，按照层级高低，划分为设施类型、功能分组类型、成套设备类型、设备类型、组件类型、部件类型。

（2）产品面。产品类型用于刻画资产产品面，是从物理角度描述资产对象，天然或人造而成的有形事物。产品安装于设备或部件功能位置节点上，在系统中执行某些特定功能。在产品制造到报废的全生命周期过程中，可能在多个功能位置服役。

（3）空间面。空间位置类型用于刻画资产空间面，表示功能位置所处的空间，例如一个建筑物的房间，一个机柜。空间位置结构是基于空间构成或布局对空间位置的细分。例如"建筑物－楼层－房间－机柜"是一种典型的空间位置分解结构。

基于领域信息建模技术的元数据分层设计理念，资产信息领域对象在实例、模型、元模型层的表达示例见表 6-1。

建模的实际操作过程是从元模型开始的，利用建模工具完成元模型－模型－实例的构建。

资产信息模型相关的业务元对象包括设施类型、功能分组类型、设备类型、成套设备类型、组件类型、部件类型等。

表 6 - 1   资产领域概念在各建模层级的表达

概念	实例	模型	元模型
功能位置	描述现实世界的功能位置个体及结构关系的集合，如：①A 发电厂的主变压器间隔、1 号主变压器、2 号主变压器；②A 发电厂的主变压器间隔由 1 号主变压器、2 号主变压器构成	定义具体功能类型及结构关系模型，如：①主变压器间隔类型、主变压器类型、断路器类型；②主变压器间隔类型包含主变压器类型	定义功能位置类型及组织结构，如功能分组允许包含设备
产品类型	描述现实世界的产品个体及装配关系的集合，如：①B A GT10 001/B A GT10 002 油浸式电力变压器、B A GD00 001/B A GD00 002/B A GD00 003 电容式套管；②B A GT10 001 主变压器包含 A/B/C 相 3 个套管部件功能位置，分别安装了 B A GD00 001 ~ 003 电容式套管	定义具体产品类型及部件模型，如：①油浸式电力变压器类型、电容式套管类型；②油浸式电力变压器部件模型中包含套管部件功能位置类型	定义产品类型与组件、部件功能位置关系，刻画产品的部件模型
空间位置	描述现实世界的空间位置个体及结构关系的集合，如：①A 发电厂主厂房、主厂房一层、主变压器洞；②A 发电厂主厂房包含三个楼层	定义具体空间位置类型及结构关系模型，如：①建筑物类型、楼层类型、房间类型；②建筑物类型包含楼层类型	定义空间位置类型及自聚合结构关系
功能位置与产品安装关系	设备、部件功能位置个体与产品个体间的安装关系，如"B A GT10 001/B A GT10 002 油浸式电力变压器"产品安装在"1 号主变压器"功能位置上	定义设备、部件功能位置类型适宜安装的产品类型，如"主变压器"功能位置类型适宜安装"电力变压器"产品类型	定义设备、部件功能位置与产品类型的"安装"关系
功能位置 + 产品的空间布置关系	功能位置/产品个体的具体空间布置关系。如"1 号主变压器"位于"A 发电厂主厂房/一层/主变压器洞"	定义适宜布置特定设备/产品类型的空间位置类型，如"主变压器"功能位置类型适宜布置在"主变压器洞"	定义功能位置类型 + 产品类型，与空间位置类型的"布置"关系

每种类型都是对业务对象实例的再抽象与归集。比如元类"设施类型"业务对象实例有"发电厂""储能站",发电厂再垂直细分"燃气电厂""水力发电厂"等。

不同类型间采用元关系表征相互的业务联系。例如"构成设施台账的适用功能分组类型"描述的是元类"设施类型"和"功能分组类型"的联系,这种联系在实例化后,会用来表示不同业务对象实例间的业务联系,如"发电厂包含的机组区域""发电厂包含的主变压器区域"等。

在定义的元类及其之间的元关系(见表 6 - 2)的基础上,按照上述业务逻辑有序组织设计"资产台账元结构(见图 6 - 13)"完成对资产台账结构模型的顶层设计。

表 6 - 2   资产台账对象间的元关系

元关系名称	源端	目标端	基数
构成设施台账的适用功能分组类型	设施类型	功能分组类型	一对多
构成功能分组的功能分组类型	功能分组类型	功能分组类型	一对多
构成功能分组的设备类型	功能分组类型	设备类型	一对多
构成功能分组的适用成套设备类型	功能分组类型	成套设备类型	一对多
构成成套设备的组件类型	成套设备类型	组件类型	一对多
构成成套设备的部件类型	成套设备类型	部件类型	一对多
构成组件的组件类型	组件类型	组件类型	一对多
构成组件的部件类型	组件类型	部件类型	一对多

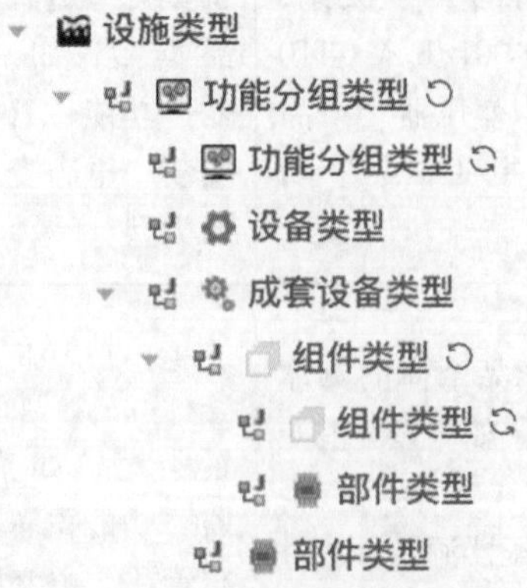

```
▼ 🏭 设施类型
    ▼ 📦 功能分组类型 ↻
        📦 功能分组类型 ↻
        ⚙ 设备类型
      ▼ ⚙ 成套设备类型
          ▼ 🗂 组件类型 ↻
              🗂 组件类型 ↻
              ⬡ 部件类型
          ⬡ 部件类型
```

图 6 - 13 资产台账元结构

建立资产台账元结构后，基于这套顶层设计的元结构框架，按照元类概念的划分原则，对资产台账领域的业务对象归类归集，实例化出模型层类及关系。

模型层的关系表达受元关系的关联约束。通过合理配置类实例间的联系，最终完成对应的业务模型构建。

一个实际建立发电厂资产台账结构模型如图 6 – 14 所示。

```
▼ 🏭 发电厂                          ▼ 🏭 水力发电厂
  ▶ 🖥 工器具及仪器仪表区域              ▶ 🖥 水电站站级监控系统区域
  ▶ 🖥 机组区域                        ▼ 🖥 水电机组区域
  ▼ 🖥 主变压器区域                       ▼ 🖥 水电机组
    ▼ 🖥 主变压器间隔                        ▶ 🖥 常规发电机系统
      ▶ ⚙ 主变压器                          ▶ 🖥 发电电动机系统
      ▼ 🖥 主变压器保护系统                   ▼ 🖥 水轮机子系统
        ▼ ⚙ 端子箱                             ⚙ 水轮机
          ▼ 🗂 控制柜附属设备                   ▼ 🖥 发电机保护系统
            ▶ 🖲 指示灯                           ▼ ⚙ 端子箱
            ▶ 🖲 操作按钮                            🖲 空气开关
            ▶ 🖲 操作把手                            🖲 继电器
            ▶ 🖲 操作面板                         ▶ 🗂 控制柜附属设备
            ▶ 🖲 仪表                           ▶ ⚙ 发电机保护屏
            ▶ 🖲 加热器                         ▶ ⚙ 通信接口屏
            ▶ 🖲 换气扇                       ▶ 🖥 进水阀系统
            ▶ 🖲 照明灯                       ▶ 🖥 尾水闸门系统
            ▶ 🖲 温湿度控制器                  ▶ 🖥 调速器子系统
            ▶ 🖲 柜体                         ▶ 🖥 在线监测现地单元
          ▶ 🖲 空气开关                       ▶ 🖥 机组现地控制系统
          ▶ 🖲 继电器                         ▶ 🖥 水电机组励磁系统
        ▶ ⚙ 变压器保护屏                      ▶ 🖥 水电机组出口母线系统
        ▶ ⚙ 通信接口屏                   ▶ 🖥 水电站公用设备区域
    ▶ 🖥 变压器冷却系统                 ▶ 🖥 水工机电设备区域
    ▶ 🖥 主变压器中压侧主设备            ▶ 🖥 厂站建筑物构筑物区域
              (a)                              (b)
```

图 6 – 14 发电厂资产台账结构模型
(a) 发电厂；(b) 水力发电厂

建立"发电厂资产台账结构模型"［见图 6 – 14（a）］后，通过对类型和关系的细化，可以进一步构建出"水力发电厂资产台账结构模型"［见图

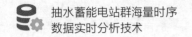
6 – 14（b）]。之后为每个节点添加具体的设备、组件、部件实例即完成了资产信息模型建模的全过程。

基于领域信息模型技术，逐层细化构建抽水蓄能电站设备孪生模型。以模型为驱动，以设备对象为核心将集控、状态监测、业务管理数据、视频数据、图档数据进行连接融合形成完整的设备数字孪生体。

企业级的规范化设备建模为时序数据分析的实施构建了坚实的底层模型数据基础。

6.6
个性化应用实例

以领域信息模型为指引，构建抽水蓄能电站从系统和设备到时序数据测点的组织体系，基于时序数据分析环境的基础设施和分析平台，通过配置数据分析规则，并将规则应用到数据集成任务，能够方便地构建个性化时序数据分析应用。

本节以实时数据技术监督的实现为例，介绍个性化应用开发的核心内容。实时数据技术监督指的是对时序数据进行实时分析，实现设备运行情况的即时监督，以监测数据的计算机快速分析助力运行维护工作提质增效。

6.6.1　应用框架

个性化的时序数据分析应用的框架结构如图 6 – 15 所示。

规则配置是核心，通过规则配置描述一个时序数据分析的策略由哪些输入数据构成、需要经过何种处理后输出。

数据源作为数据采集的起点，涵盖了从多样化的设备、传感器到外部系统等多种来源。设备的状态信息以及监测数据，从这些源头源源不断地传递出来。

数据集成任务从数据源收集数据，进行清洗、转换，根据规则配置中设定的输入参数信息，将时序数据分析用的数据写入到对应的 Kafka 主题中。

Flink 任务执行实际数据处理和分析作业。分析结果保存在时序库或关系库中，由数据服务提供给前端应用。

大批量/复杂的长周期数据计算还可以利用数据工厂进行离线分析。离线分析通常以小时、天、周等为单位定时启动执行。

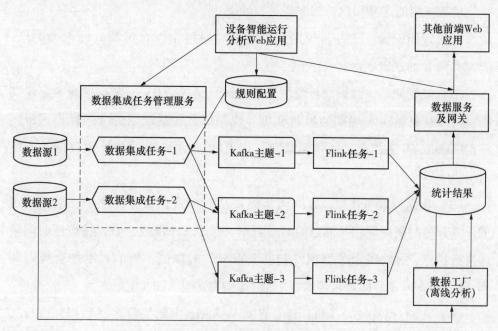

图6-15　时序数据分析应用

实时数据监督应用是时序数据分析的一个实例。相对于一般的分析应用，其突出的特点在于"规则配置"环节配置的是实时数据监督相关专家分析策略。实时数据监督应用的数据处理过程与时序数据分析环境定义的过程相同：利用数据集成任务从源端实时获取时序数据并进行分派（至 Kafka 主题等），Flink 任务订阅 Kafka 主题，得到时序数据流，利用 Flink 任务内定义好的算子执行数据分析，结果输出到时序数据库等存储设施。

6.6.2　动态规则支持

在使用 Flink 处理电力时序数据时，常常会碰到这样的场景：通过用户界面动态添加规则或公式，实时地对单个或多个测量点的数据进行评估，以判断它们是否符合预设的条件（返回结果为真或假），或者计算并展示公式的具体数值。用户可以指定从哪个时间点开始执行这些计算，并且如果需要，还可以随时调整规则或公式，并从指定的时间点重新开始计算过程。这种灵活性确保了数据处理的实时性和适应性，满足了动态变化的业务需求。

动态规则的定义和执行的主要过程如下：

（1）规则配置。在专家规则设置环节，通过个性化定制页面选择测点、配置类别 A 的逻辑规则。

（2）规则同步。数据同步模块周期性地（通常以 1s 一次）查询专家规则模块，以获取类别 A 规则的最新变更。规则信息包括规则的唯一标识（id）、使用 Aviator 表达式定义的逻辑规则，以及相关的测点 id 和计算数据的起始时间。

（3）数据拉取与处理。数据同步模块从时序数据服务模块中，根据指定的计算起始时间提取相关测点的时序数据。对于多个测点，数据将按照时间顺序进行排序，并将每个数据项（包括测点 id、时间戳、数值）附加上规则 id 和 Aviator 表达式（即规则逻辑），然后逐条发送至 Kafka 主题。

（4）实时计算分析。Flink 计算任务从 Kafka 主题接收这些数据，进行实时的计算分析，最终输出结果。

通过流程化的动态规则设定与实时计算分析，用户能够在实时数据监控界面上灵活地创建、修改或删除逻辑规则。一旦配置完成，这些规则即可立即生效，无须重启或重新开发计算任务，从而大幅提升了规则应用的便捷性和实时性。

同一计算任务能够并行处理多个规则，有效节约了计算资源，提高了资源利用率。数据同步任务仅针对与规则相关的测点时序数据进行拉取，避免了不必要的全量数据传输，从而节约了计算和网络资源。

由于规则的输出本身也是一种时序数据，它可以作为其他规则的输入，实现规则间的串联和复用。这种设计不仅提高了数据处理的灵活性，还能够构建更为复杂的逻辑判定场景。

6. 6. 3　使用 Aviator 表达式

规则配置是指明特定测点数据如何判断，程序化执行配置好的规则基于 Aviator 的执行。

在动态规则的定义和执行的 6.6.2 步骤（1）进行规则配置时，需要根据界面配置生成逻辑规则的 Aviator 表达式。

一般场景下，时序数据计算规则可以表示成：

$$F\left[r,\ g_1\left(p_1,\ t_1\right),\ g_2\left(p_2,\ t_2\right),\ \cdots,\ g_n\left(p_n,\ t_n\right)\right]$$

其中 r 为计算规则 id，p_i 为测点 id，t_i 为时间，g_i 为测点 p_i 在 t_i 时刻的指标值获取方法。p_1，$\cdots$，p_n 可能存在相同。

在动态规则处理场景中，t_1，$\cdots$，t_n 为流式计算过程中的当前时刻，获取的是截至当前各个测点的最新数据，所以它们在表达式设置中可以省略。获取测点 p_i 在时刻 t_i 的时序指标值函数 g_i 是相同的，因而在表达式中统一写成 'g'，p_1，$\cdots$，p_n 各不相同。

g 是 Aviator 表达式，时序分析场景中为：states. getMapState（S，'{r}.{p}'），其中 states. getMapState 是函数，它的功能是从指定名称的状态存储器中取出指定键对应的值，S 是键值型状态存储器（简称"状态存储器 S"），其中存储各个规则相关的测点专用于对应规则的最新数据，所以键的格式为"$r. p$"（规则 id. 测点 id）。

例如，规则（id：r_12）检测"发电机（工况测点 id 为 us_123）处于发电工况（数值是 5）且出口开关（状态测点 id 是：ss_121）处于合闸状态（数值是 1）"。状态存储器的名称约定为 mp_states。则 Aviator 表达式为：

states. getMapState（*mp_states*，'$r\_12. us\_123$'）==5&&

states. getMapState（*mp_states*，'$r\_12. ss\_121$'）==1

在 6.6.2 步骤（4）实时计算分析中，计算过程为：

（1）数据分区。首先通过 KeyBy 节点对数据进行分区，确保获取到规则中指定的测点数据。

（2）表达式计算准备。在进行表达式计算之前，当前处理的数据行会被写入到 Map 型式的状态存储器（命名为 mp_states），其中键由"规则 id. 测点 id"组成，而值则为对应的数据点的取值。

（3）状态存储与访问。mp_states 存储器中维护了与当前规则相关的各个测点的最新状态值。这些状态信息对于实时计算至关重要，因为它们提供了必要的上下文信息。

（4）表达式执行。将 mp_states 注入 Aviator 表达式的执行上下文中。利用 *states. getMapState* 函数，检索存储在 mp_states 中的特定键值对（例如 $r\_12. us\_123$ 和 $r\_12. ss\_121$），从而实现对测点状态的动态访问和计算。

概括而言，使用 Aviator 表达式首先在配置阶段需要将规则转化为 Aviator 表达式，之后用数据集成任务拉取时序数据并附加上规则 id、表达式数据，一起作为计算管道的输入数据。最后将测点的最新数据存储到状态存储器，将状态存储器对象注入 Aviator 表达式中，执行表达式，得到计算结果。

6.6.4 触发条件

时序数据分析应用所执行的数据分析过程，可按分析触发形式分为两类：定时触发和信号触发。

定时触发是直接设定数据分析的触发周期，定时执行分析任务。定时触发是一种基于时间周期的分析方法，它允许用户设定一个固定的时间间隔或特定的时间点来自动执行数据分析任务。这种方式特别适合于需要定期统计和回顾数据的应用场景，例如日终报告、周、月度分析等。即使在数据没有显著变化的情况下，定时触发也能确保数据分析的连续性和规律性，从而为决策提供稳定的数据支持。

信号触发则是通过实时获取的时序数据中数据的内容，根据取值或数值的变化情况触发分析任务的执行。信号触发是一种基于事件或数据变化的分析方法，基于数据集成任务中对规则关联的测点的即时分析，在监测到时序数据中出现特定信号或数值特定变化时触发分析任务。这种方式适用于对数据变化敏

感的应用场景，如实时监控、异常检测、动态预警等。信号触发能够快速响应
数据的实时变化，提供即时的分析结果，帮助用户捕捉需要关注设备运行状况
的关键时刻，做出快速反应。

6.6.5　重跑机制

在实际的时序分析计算中，新配置的规则往往需要回溯至过去的某一时
刻开始计算，以便观察历史数据下的规则执行效果，从而验证配置的正确
性。与此同时，当从计算结果中发现配置的分析规则存在问题时，也需要进
行修正并重新计算。这就需要能够在实时地对时序数据进行分析的基础上，
时序分析环境还需具备将一个历史时刻指定为计算起点进行前后窗口内时序
数据分析的能力。也就是说，对于基于 Flink 流式计算的时序数据按规则分析
系统而言，需要具备回调时间重跑计算规则的能力。通过提供易于操作的重跑
分析，确保特定时段及全时段分析结果的准确性，进一步提高系统的灵活性和
可靠性。

在许多基于规则的时序数据计算系统中，重跑（replay）功能往往不是
内置的，或者实现起来较为笨重，通常需要开发和运维人员的介入，从特定
的保存点或检查点开始执行重跑操作。一些系统尝试通过废弃旧规则并创建
新规则来模拟重跑，但这只是一种表面上的替代方案。这种方法存在几个主
要问题：

（1）通用性局限。重建规则对计算任务的具体实现提出了要求。开发者
需要设计两套标识系统：一套用于外部查询的规则标识，另一套用于内部计算
任务的规则标识。在查询过程中，需要将外部标识转换为内部标识。每当规则
发生变更，就会生成一个新的计算任务规则，导致标识的变更。

（2）资源浪费问题。由于无法预先确定规则所依赖的具体测点数据，
系统可能需要加载所有可能的数据进入计算任务。在规则流连接之后，再
进行数据的筛选排除，这不仅造成了计算资源的浪费，也增加了网络资源
的负担。

（3）限制再分析能力。修改规则后，现有系统通常无法仅针对特定规则
进行数据的回放和重新计算，这限制了对历史数据的再分析能力，影响了系统
对数据变更的响应性和灵活性。

抽水蓄能电站时序分析环境在开发个性化应用时，构建了一种高效、可靠
的基于 Flink 的电力时序数据规则计算重跑方法。该方法在原生的 Flink 框架之
上进行创新性拓展，构建了一种配置驱动的计算系统。该计算系统通过对
Flink 算子进行精细化的封装，巧妙地实现了命令管路与数据管路的双路处理
机制，实现了电力时序规则计算重跑能力。

当数据流经计算系统的各个节点时，系统能够识别数据的类型，区分其是
普通业务数据还是系统命令数据。对于普通业务数据，系统将其导向数据管路
进行常规处理；而对于命令数据，则将其引导至命令管路，以实现特定的操作
指令执行。

在命令管路的设计中引入了"重跑"命令功能。该命令采用特定的格式，
如下：

```
{
  "flag":"CMD",
  "cmd":"re-run",
  "args":{
    "startTime":"2024-02-01 00:00:00"
  },
  "key_by":"ru_1234"
}
```

通过设定重跑命令指示分析环境根据指定的条件重新执行计算任务。在命
令管路的执行过程中，不同类型的算子能够根据自身的特性，对命令数据进行
解析并执行相应的操作。例如，"分区处理"节点能够精准地清理指定 key_by
分区的状态存储器数据；而 $MySQL$ 下沉节点则能够清理输出表中指定 $startTime$
之后、特定规则 id 的数据。

重跑的逻辑过程如下：

（1）命令发起。用户通过界面向系统发起一条重跑某条规则的命令，要
求某条规则 R 从指定的时刻 t 开始重跑。命令的发起标志着整个重跑过程的

开始。

（2）数据提取。系统中的数据同步模块收到重跑命令后，将命令存到其命令列表，同步任务发现重跑命令后将从指定时刻开始拉取业务数据写入到 Kafka 主题，为计算任务提供数据支持。

1）系统接收用户指令后，同步模块内部会生成一条规则 R 的重跑命令，缓存在同步任务的命令列表中。

2）规则 R 的数据同步任务是周期性执行的，在每次执行数据同步的相关逻辑前，会检查命令列表是否有关于规则 R 的重跑命令，如果有则将从命令列表中获取并移除此条命令。

3）一旦发现有重跑命令，就会向 Kafka 主题发送一条重跑规则 R 的命令数据。然后将规则 R 的业务数据拉取位置重置为时刻 t，并从此位置开始拉取规则 R 的业务数据并发到 Kafka 主题中。

4）向 Kafka 中发送的命令数据格式如图 6 - 16 所示。其中，"flag"："CMD"，表明这是一条命令数据；"cmd"："re - run"，表明这是一条重跑时序数据计算规则的命令数据；"args"：{"startTime"："2024 - 02 - 01 00：00：00"}，是重跑命令的参数，表示从指定时刻（startTime）处开始重新计算；"key_by"："ru_1234"，分区键，相同的分区键的数据将分到同一个分区。此处取值是规则 id，这样确保规则 A 的命令数据和规则 A 的业务数据在同一个分区。

（3）计算执行。计算任务自 Kafka 主题中拉取数据，经过分区器按规则 id 分区后，相同规则的数据和命令将在同一个分区。再由分类器对数据进行分类，区分命令数据和业务数据。命令数据将进入命令管路，执行命令操作；业务数据进入数据管路，进行常规处理。

计算任务由一系列算子连接构成。这些算子是由计算系统封装 Flink 算子得到的。计算任务由 Kafka 源算子、中间有一个或多个转换算子、最后有一个或多个关系数据库的下沉算子构成。

Kafka 源算子负责从 Kafka 主题中拉取数据。

中间的转换算子和关系数据库的下沉算子的结构如图 6 - 16 所示。

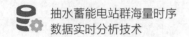

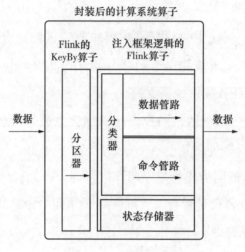

图 6-16　算子结构

算子由分区器、分类器、状态存储器、数据管路、命令管路构成。分区器使用 Flink 的 KeyBy 算子，按照规则 id 进行分区。分类器、数据管路和命令管路是计算系统在 Flink 算子之上构建的结构。

在计算执行环节，算子首先使用分区器按照规则 id 对数据进行分区。分类器对分区后的数据进行分类，区分命令数据和业务数据，将命令数据输入命令管路，将业务输入数据管路。数据管路中的数据则会按照预设的规则进行常规处理。

重跑命令进入命令管路之后，算子会按照命令要求执行命令。中间的转换算子在收到重跑命令之后会清空当前分区的所有状态存储器数据，最后的关系数据库下沉算子在收到重跑命令之后会执行删除数据的 SQL，用以删除重跑时刻 t 之后规则 R 的所有计算结果。

后续 t 时刻之后的业务数据顺序流入后转换算子按预设逻辑进行常规的业务逻辑计算，由下沉算子输出结果。

经以上过程的处理，实现电力系统时序数据计算规则从指定时刻重跑。

6.6.6　中心–边缘部署

抽水蓄能电站群产生的时序数据量巨大，且各站点间的数据关联性微乎其微。在这种情况下，如果所有时序数据分析工作都集中在一个中心主站进行，不仅会导致数据传输的大量消耗，而且这种消耗对于获取有价值的分析结果并无实质性帮助。因此，在实际的分析环境部署中，考虑在中心机群与边缘机群之间进行合理的分配，以实现更高效的数据处理和分析。

边缘机群直接针对各类传感器和物联网设备，快速、高效地完成所在电站的时序数据分析，分析结果在边缘端服务化发布，同时需要中心处理的部分（低密度或稀疏处理后的时序数据、时序数据实时分析结果等）汇集到中心机群（见图 6 – 17）。

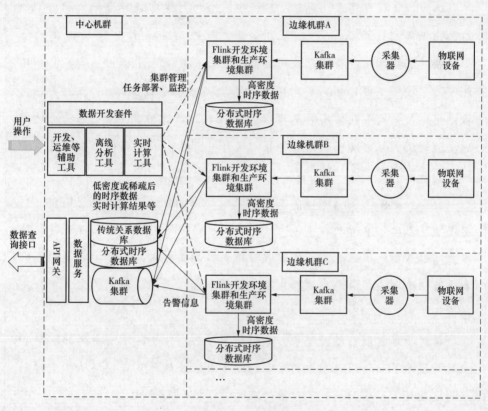

图 6 – 17　边缘部署

边缘机群和中心机群相互协调，中心机群内的分析环境，可对汇集的数据配置规则并做进一步的分析。

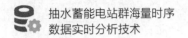
6.7
本章小结

　　本章详细阐述了构建抽水蓄能电站时序数据分析环境的技术方案与实施细节，旨在高效处理时间序列数据，以支持电站运营优化和决策。关键技术路线覆盖数据集成、存储、预处理、分析、发布及可视化，利用 Java 与 Python 开发，并融合主流开源技术。其中，Kafka 作为数据集成的核心，确保了高吞吐量与低延迟的数据传输；而数据存储层面，采用 MySQL 处理关系数据，TDEngine 针对时序数据进行优化存储，Redis 强化实时数据访问。数据处理包含实时与离线分析，实时计算依靠 Flink 实现流数据的快速处理。数据发布通过微服务化提升灵活性，数据可视化则增强信息理解和共享。

　　基础设施层采纳 Hadoop 生态组件，如 ZooKeeper、Kafka、Flink 等，奠定坚实基础。分析平台层与个性化应用层自主研发，实现数据流转、处理至结果展示的闭环。定制化图表与报表工具的引入，促进了数据的直观表达与快速决策。消息中心作为集中管理平台，强化了消息的生产、分发与订阅机制。

　　针对抽水蓄能电站时序数据分析的实际需求，研究了态规则的配置和执行，展示了如何通过用户界面动态添加或修改规则，并实现从指定时间点的重跑计算，从而提升了数据处理的灵活性和实时性。

　　对于大规模部署，探讨了中心－边缘部署策略，通过在边缘机群进行快速、高效的数据分析，并将分析结果服务化发布，同时将需要中心处理的部分数据汇集到中心机群，实现了数据处理和分析的高效分配。

　　时序数据分析环境的搭建，为海量时序数据分析提供了可用的基础设施。通过在其上有针对性地开发个性化应用，使得分析环境能够为抽水蓄能电站的生产管理和运维提供高效的数据分析结果，有效地提升工作效率。

在时序数据分析环境中实现"时序数据基于专家策略的实时分析"，完成对设备工况和状态等相关数据的技术监督，将海量时序数据分析实质性地应用到抽水蓄能电站的日常生产。

第 **7** 章

总结

本书的各章详细探讨了抽水蓄能电站时序数据分析技术的核心内容、应用场景及其在电站运行中的关键作用。在本章中，将对这些内容进行全面总结，并展望时序数据实时分析技术在未来的发展方向。

首先，通过本书的编写，明确了抽水蓄能电站中时序数据的独特性和重要性。这些数据不仅记录了设备的运行状态，还包含了大量隐含的关键信息，对于电站的安全、高效运行至关重要。书中详细介绍了时序数据的采集、处理与分析流程，帮助读者理解如何从这些海量数据中提取有价值的信息，从而为电站的管理与决策提供科学依据。

其次，在各类业务场景的分析中，展示了时序数据在实际应用中的具体作用。无论是设备动作的监测，还是运行参数的分析，都通过具体实例解析，阐述了这些数据在提升电站运行效率、预防设备故障方面的巨大潜力。每一个场景分析不仅意在帮助读者理解技术层面的操作，还希望促使这些知识能够被灵活应用于实际工作中，解决具体问题。

在技术实现方面，深入探讨了构建高效时序数据分析环境所需的各种基础设施和平台技术。Hadoop、Kafka、Flink 等分布式技术的引入，展示了如何利用现代大数据技术来处理和分析时序数据。通过本书的讲解，期望读者能够掌握这些技术的使用方法，并在实际工作中搭建出适合自己业务需求的分析平台。

本书特别关注了实时数据技术监督的实际应用。通过数据巡检、缺陷与故障分析以及设备健康度评价等具体案例，不仅展示了时序数据分析技术在提升电站运行安全性和效率方面的巨大优势，还提出了自动化与智能化巡检的实现路径。这些内容为行业技术人员和研究者提供了宝贵的实践经验，并为未来电站的智能化转型指明了方向。

　　展望时序数据分析技术的未来发展，随着技术的进步，时序数据分析将在电力系统中扮演越来越重要的角色。从当前来看，这些技术已经能够实现设备状态的监测与故障预警，但随着人工智能、机器学习等技术的进一步应用，时序数据分析有望在预测性维护、优化调度、智能决策等更高层次的应用中发挥作用。与此同时，随着数据量的不断增长和复杂性的增加，还面临着新的挑战，包括如何提高数据处理的实时性、准确性，以及如何在更复杂的场景中应用这些技术。

　　综上所述，本书系统性地介绍和解析了抽水蓄能电站时序数据分析的技术与应用，力求将复杂的技术原理转化为易于理解和应用的知识体系。希望读者能将书中的知识与方法应用到实际工作中，并进一步推动时序数据分析技术的发展与创新，为电力行业的智能化转型贡献力量。